没有过不去的现在，也没有到不了的未来

你的坚持，
终究成就美好

微阳　编著

吉林出版集团股份有限公司

图书在版编目（CIP）数据

　　你的坚持，终究成就美好 / 微阳编著 . -- 长春：
吉林出版集团股份有限公司 , 2018.9

　　ISBN 978-7-5581-5777-6

　　Ⅰ . ①你… Ⅱ . ①微… Ⅲ . ①人生哲学 - 通俗读物
Ⅳ . ① B821-49

　　中国版本图书馆 CIP 数据核字（2018）第 221463 号

NI DE JIANCHI ZHONGJIU CHENGJIU MEIHAO
你的坚持，终究成就美好

编　　著：微　阳	
出版策划：孙　昶	
责任编辑：姜婷婷	
装帧设计：韩立强	
出　　版：吉林出版集团股份有限公司	
（长春市福祉大路 5788 号，邮政编码：130118）	
发　　行：吉林出版集团译文图书经营有限公司	
（http: //shop34896900.taobao.com）	
电　　话：总编办 0431-81629909　营销部 0431-81629880 / 81629900	
印　　刷：天津海德伟业印务有限公司	
开　　本：880mm×1230mm　　1 /32	
印　　张：6	
字　　数：130 千字	
版　　次：2018 年 9 月第 1 版	
印　　次：2021 年 5 月第 3 次印刷	
书　　号：ISBN 978-7-5581-5777-6	
定　　价：32.00 元	

印装错误请与承印厂联系　　电话：022-82638777

前言

　　山有巅峰，也有低谷；水有深渊，也有浅滩。人生之路也一样，我们每个人都想一帆风顺，然而，一些意想不到的痛苦、挫折、失败总会猝不及防地袭来，让我们时而身处波峰，时而沉入谷底。人生难免遇到危险与陷阱，扛得住，世界就是你的。

　　莎士比亚曾说："患难可以试验一个人的品格；非常的境遇方才可以显出非常的气节。风平浪静的海面，所有船只都可以齐驱竞胜；命运的铁拳击中要害的时候，只有大勇大智的人才能够处之泰然。"一个人，在遭遇磨难时如果还能用奋斗的英姿与之对抗，他的人生就是精彩的。其实，"痛苦"不是一件坏事，其背后镌刻着的是勇敢和坚强。

　　其实，不怕千万人阻挡，只怕你自己投降。我们有时候被生活打败，即使有一千个理由让我们暗淡消沉，我们也必须一千零一次选择坚强面对，没有什么天生的好运，只有咬紧牙奋斗。都是一样的人，都会面临一样多的问题，回首过去，谁不是一路拼搏？生活所给予的，最终没有什么是不能被接受的。人应当配得上自己所经受的苦难。痛苦的时候就哭泣，但是别逃避；忧伤的时候可以脆弱，但是别放弃；寒冷的时候自己取暖，但是别绝望；撑不过去的时候抬头望天，但是别倒下。《少年派的奇幻漂流》的作者扬·马特尔说："无论生活以怎样的方式向你走来，你都必须接受它，尽可能地享受它。"我们每个人都走在一条满是荆棘的路上，我们跌跌撞撞、满身泥泞、受伤流血、痛哭流涕，却依旧奋力前行。因为没有什么可以轻易把人打动，除了内心深沉的爱；也没有什么可以轻易把人打倒，除了放弃的自己。

人生有多困难，你就该有多坚强。人的生命就像洪水奔流，不遇到岛屿、暗礁，便难以激起美丽的浪花。罗曼·罗兰认为："痛苦这把利刃，一方面割破你的心，一方面掘出了生命新的水源。""人生自古多磨难，有谁相安过百年？"生命的承受能力，其实远远超过我们自己的想象。请相信，人这一生可以重生无数次，在生命的历程中我们会不断被打倒，却又能恢复元气，坚定地站起，勇敢地前行。伤了，咬紧牙关；痛了，撑起腰杆。人生，在眼泪中微笑，才多姿；生命，在坚强中微笑，才精彩！

谁的生活不曾有崎岖坎坷，谁的人生不曾有困难挫折？既然不能逃脱人生前进途中必经的磨难，那我们就要牢牢地拥有一颗百折不挠的心。更请你相信，"天下没有白受的苦"，人生中的种种考验终会过去，如同落花一般化为春泥，会孕育出加倍丰盛、美妙的生命！

目录

第一章

面对不如意，继续前行

真实的人生，在意料之外 // 2

没有一种成功不需要磨砺 // 5

世界自有法则，适者才能生存 // 8

谢谢你曾看轻我 // 12

坚忍的骆驼在沙漠中行走自如 // 16

坎坷并非苦难，而是财富 // 19

永不绝望才有希望 // 23

第二章

不愿一生吹风晒太阳，咸鱼也要有梦想

就算全世界都否定你，你也要相信你自己 // 30

成功从自信开始 // 33

像自己想成为的人那样去生活 // 36

跨越自己给自己设的藩篱 // 38

善用智慧，才会更容易到达梦想的彼岸 // 40

你无法主宰世界，但你可以选择人生 // 44

你要相信，没有到达不了的明天 // 46

第三章

拼尽最后一把力气，不成功也要尽了兴

生命在，希望就在 // 50

生命自有精彩，你只负责努力 // 52

纵有疾风来，人生不言弃 // 54

只要你不放弃，梦想会一直在原地等你 // 57

命运只垂青那些一定要赢、一定更好的人 // 60

总有一个梦想，能在现实中开花 // 63

可以平凡，不能平庸 // 66

只有输得起的人，才不怕失败 // 68

屡战屡败的死敌是屡败屡战 // 72

第四章

再牛的梦想，也抵不住傻瓜似的坚持

将来的你，一定会感谢现在努力的自己 // 78

心失衡，世界就会倾斜 // 80

自控力越强，离成功越近 // 83

辉煌的背后，总有一颗努力拼搏的心 // 86

请一条路走到底 // 88

只有坚信成功，才有机会成功 // 90

第五章

你一直在等，所以一事无成

说一千句不如行动一次 // 94

改变很难，不改变会一直很难 // 96

每一个幸运的现在，都有一个努力的曾经 // 99

机会不是等来的，要靠自己争取 // 102

帕里斯的成功之路是艰辛的 // 104

坚忍的乌龟快过睡觉的兔子 // 107

第六章

以信念为灯塔，不惧远航

日子难过，更要认真地过 // 112

心若向阳，无谓悲伤 // 115

有信念的人，命运永远不会辜负 // 118

绝望时，希望也在等你 // 120

因为我不要平凡，所以比别人难更多 // 122

低谷的短暂停留，是为了向更高峰攀登 // 125

磨砺到了，幸福也就到了 // 128

第七章

世界这么忙，柔弱给谁看？

大海上没有不带伤的船 // 132

失败是一种人生财富 // 134

有缺陷，就勇敢地面对 // 136

决定输赢的不是牌的好坏，而是你的心态 // 140

顺境容易让人浅薄，逆境让人深刻 // 143

牌不在于好坏，而在于你想不想赢 // 145

第八章

沙子入蚌后变成珍珠，痛苦加身后铸就成功

痛苦割破了你的心，却掘出了生命的新水源 // 150

使你痛苦的，也使你强大 // 152

没痛过的仙人掌，怎么懂得把刺收藏 // 154

能忍方能成大事 // 156

四周没路时，向上生长 // 158

不经历风雨，怎能见彩虹？ // 161

在低潮时品味人生，为下次的高潮暖身 // 164

第九章

愿你扛得住世界的险恶，也懂得世界的温柔

有梦不觉天涯远 // 168

用你的笑容改变世界，不要让世界改变你的笑容 // 171

再苦也要笑一笑，得多得少别计较 // 173

吃了苦头，才能更懂甜的滋味 // 176

世道虽窄，但世界宽阔 // 178

第一章

面对不如意，
继续前行

真实的人生，在意料之外

在过去的岁月里，对你而言，或许是页页创痛的伤心史，在检阅过去的一切时，你也许会觉得你处处失败，一事无成。你热烈地期待着成功的事业却不能如愿，连你身边的亲戚朋友，甚至都要离弃你！你的前途，似乎十分惨淡和黑暗！但是，虽有上述种种不幸，只要你不甘心永远屈服，胜利就会向你招手。

从古至今，有多少英雄豪杰因一次的挫折而一蹶不振，我们不能因他们的美名而去像他们一样经不起挫折。

人的一生不可能一帆风顺，遇到挫折和困难是难免的，不可能一直处于顺境，一直处于辉煌，当人生走到了"山"的顶峰必然会走下坡路，但要如何做到坦然面对、心态放平稳，对于我们才是最重要的。

在20世纪60年代初期，美国化妆品行业的"皇后"玫琳·凯把她全部的积蓄5000美元作为全部资本，创办了玫琳·凯化妆品公司。

为了支持母亲实现"狂热"的理想，两个儿子也"跳往助之"，辞去了较好的工作，加入到母亲创办的公司中来，宁愿只拿250

你的坚持，终究成就美好

美元的月薪。玫琳·凯知道，这是背水一战，是在进行一次人生中的大冒险，弄不好，不仅自己一辈子辛辛苦苦积攒下来的钱将血本无归，而且还可能葬送两个儿子的美好前程。

在创建公司后的第一次展销会上，她隆重推出了一系列功效奇特的护肤品，按照原来的计划，这次活动会引起轰动，一举成功。但是，"人算不如天算"，整场展销会下来，她的公司只卖出去15美元的护肤品。

在残酷的事实面前，玫琳·凯不禁失声痛哭，而在哭过之后，她反复地问自己："玫琳·凯，你究竟错在了哪里？"

经过认真的分析，她及时调整了自己的不良心态，坦然地接受了这一切，最后终于悟出了一点：在展销会上，她的公司从来没有主动请别人来订货，也没有向外发订单，而是希望人们自己上门来买东西……难怪在展销会上落到如此的结果。

于是她从第一次失败中站了起来。如今，玫琳凯化妆品公司已经发展成为一个国际性的公司，拥有一支约 20 万人的推销队伍，年销售额超过 3 亿美元。

已经步入晚年的玫琳·凯能创造如此奇迹，并不是上天的怜悯，而是她面对挫折时，坦然地接受了这一切，悟出一个好的想法并着手开始自己的行动，最后获得了巨大的成功。

要善于检验你人格的伟大力量，你应该常常扪心自问，在除了自己的生命以外，一切都已丧失了以后，你的生命中还剩下什么？即在遭受失败以后，你还有多大勇气？如果你在失败之后一蹶不振，放手不干而自甘永久屈服，那么别人就可以断定，你根本算不上什么人物；但如果你能雄心不减、大步向前，不失望、不放弃，那么别人就可以断定，你的人格之高、勇气之大，是可以超越你的损失、灾祸与失败的。

无论你做了多少准备，有一点是不容置疑的：当你进行新的尝试时，你可能犯错误，无论你是作家，还是企业家，或者是运动员，只要不断对自己提出更高的要求，都难免会失败。但失败并不是你的错，重要的是要从中吸取教训。

古人云："前事不忘，后事之师。"在克服挫败方面，我们的祖先已经给我们做了太多的榜样。在社会竞争激烈的今天，挫折无处不在，若一时受挫而放大痛苦，将会终身遗憾。遭遇挫折，就当痛苦是你眼中的一粒尘埃，眨一眨眼，流一滴泪，就足以将它淹没；遭遇挫折，就当它是一阵清风，让它在你耳旁轻轻吹过；遭遇挫折，就当它是一阵微不足道的小浪，不要让它在你心中激起惊涛骇浪；遭遇挫折，不要放大痛苦，擦一擦身上的汗，拭一拭眼中的泪，继续前进吧！

没有一种成功不需要磨砺

汤姆在纽约开了一家玩具制造公司，另外在加利福尼亚和底特律设了两家分公司。

20世纪80年代，他瞄准了一个极具潜力的市场产品——魔方，开始生产并投放市场，市场反馈非常好。于是，汤姆决定大批量生产，两个公司几乎所有的资金和人力都投入进来。谁知，这个时候，亚洲的市场已经由日本一家玩具生产厂家占领。等汤姆厂家生产的魔方投放亚洲市场，市场已经饱和。再往欧洲试销，也饱和。汤姆慌了，立即决定停止生产，但已经晚了，大批的魔方堆积在仓库里。特别是两个分公司，资金几乎完全积压，又要腾出仓库来堆放新产品，汤姆的生意在底特律和加州大大受挫。汤姆无奈之下，决定从加州和底特律撤出来，只保留总部——他的财务已经无法支撑太大的架子。

这是汤姆第一次输掉了一局。不久，汤姆的财力恢复，于是，在亚洲设了一个分厂，开拓起亚洲市场来了。但好景不长，汤姆的亚洲市场化为灰烬。正逢美国玩具工人大罢工，汤姆处于风雨飘摇中的玩具公司立即破产，他血本无归。

汤姆又一次输了！汤姆总结了自己失败的原因，萌发了一个庞大的计划。他向银行贷了一笔资金，再度开创一家玩具厂。经过周密计划，严谨的市场调研和销售分析，他立即决定生产脚踏车，他要在日本厂商打进欧美市场之前重拳出击。他一炮打响，美洲市场被他的厂家占领，欧洲市场的厂家也占据优势地位。两年后，因为脚踏车市场已近饱和，汤姆又决定停止生产，开发另一种产品。

这次汤姆胜了，并且赢了全局！

从这个故事中，我们不难发现：雄鹰的展翅高飞，是离不开最初的跌跌撞撞的。"不经一番寒彻骨，哪得梅花扑鼻香。"要想让自己成为一个有所作为的人，我们就要有吃苦的准备，人总是在挫折中学习，在苦难中成长。

我们每个人都会面临各种机会、各种挑战、各种挫折。成功不是一个海港，而是一个埋伏着许多危险的旅程，人生的赌注就

是在这次旅程中要做个赢家，成功永远属于不怕失败的人。

每个人的一生，总会遇上挫折。相信困难总会过去，只要不消极，不坠入恶劣情绪的苦海，就不会产生偏见、误入歧途，或一时冲动破坏大局，或抑郁消沉，振作不起来。

其实在人生的道路上，谁都会遇到困难和挫折，就看你能不能战胜它，战胜了，你就是英雄，就是生活的强者。某种意义上说，挫折是锻炼意志、增强能力的好机会，不要一经挫折就放弃努力，只要你不断尝试，就随时可能成功。

如果你在遭遇挫折之后对自己的能力发生了怀疑，产生了失败情绪，想要放弃努力，那么你就已经彻底失败了。挫折是成功的法宝，它能使人走向成熟，取得成就，但也可能破坏信心，让人丧失斗志。对于挫折，关键在于你怎么对待。

爱马森曾经说过："伟大的人物最明显的标志，就是他坚忍的意志，不管环境如何恶劣，他的初衷与希望不会有丝毫的改变，并将最终克服阻力达到所企望的目的。"每个人都有巨大的潜力，因此当你遇到挫折时要坚持，充分挖掘自己的潜力，才能使自己离成功越来越近。

跌倒以后，立刻站立起来，不达目的，誓不罢休，向失败夺取胜利，这是自古以来伟大人物的成功秘诀。不要惧怕挫折，挫折是成功的法宝，在一个人输得只剩下生命时，潜在心灵的力量还有多少？没有勇气、没有拼搏精神、自认挫败的人的答案是零，只有坚持不懈的人，才会在失败中崛起，奏出人生的乐章。

世界上有许多人，尽管他们失去了拥有的全部资产，但是他们并不是失败者，他们依旧有着坚忍不拔的精神，有着不会屈服的意志，凭借这种精神和意志，他们依旧能够走向成功。

温特·菲力说："失败，是走上更高地位的开始。真正的伟人，面对种种成败，从不介意；无论遇到多么大的失望，绝不失去镇静，只有他们才能获得最后的胜利。"

在漫漫旅途中，失意并不可怕，受挫折也无须忧伤。只要心中的信念没有萎缩，只要自己的季节没有严冬，即使凄风厉雨，即使大雪纷飞。艰难险阻是人生对你另一种形式的馈赠，坑坑洼洼也是对你意志的磨炼和考验。黄叶在秋风中飘落，春天又将焕发出勃勃生机。

世界自有法则，适者才能生存

世上很难有总是一帆风顺的事，本来你想这样，事情偏偏与你的愿望背道而驰，即使你付出辛苦了，付出努力了，也不一定能获得回报。

亨特遭到女友抛弃来请教大师指点，他说女友还活得好好的，感到愤恨难平。

大师问他为什么。亨特回答："我们在一起时发过重誓的，先背叛感情的人在一年内一定会死于非命，但是到现在两年了，她还活得很好，老天难道听不到人的誓言吗？"

大师告诉亨特，如果人间所有的誓言都会实现，那人早就绝种了。因为在谈恋爱的人，除非没有真正的感情，全都是发过重誓的，如果他们都死于非命，这世界还有人存在吗？老天不是无眼，而是知道爱情变化无常，我们的誓言在智者的耳中不过是戏言罢了。

"人的誓言会实现是因缘加上愿力的结果。"大师说。

"那我该怎么办呢？"亨特问。

大师给他讲了一个寓言：

"从前有一个人，用水养了一条非常名贵的金鱼。一天鱼缸打破了，这个人有两个选择，一个是站在水缸前诅咒、怨恨，眼看金鱼失水而死；一个是赶快拿一个新水缸来救金鱼。如果是你，你怎么选择？"

"当然赶快拿水缸来救金鱼了。"亨特说。

"这就对了，你应该快点拿水缸来救你的金鱼，给它一点滋润，救活它，然后把已经打破的水缸丢弃。一个人如果能把诅咒、怨恨都放下，就会懂得真正的爱。"

亨特听了，面露微笑，欢喜而去。

实际上，绝对的如意是不存在的，世界不是根据个人的意愿而创造的。但是我们即使遇到不如意的事，也不要怨天尤人。因为，怨也没有用，生活就是这样，有什么办法？有时候没有道理可讲，有时候又似乎不近情理。当生活让你哭笑不得的时候，你不应该太过于抱怨，而是要看淡生活中的不如意才对。

付出与回报的天平上总会出现不尽如人意的误差，苦苦地追寻换来的是一身的疲惫，挥洒的汗水总是换不来期待中的收获。这一切都是人生中挥之不去的，是人生竞技场上必不可少的基石。

飓风、海啸、地震等自然灾害对所有生命来讲都是不愿意接受的。人类社会里，贫穷、战争、疾病等现象时有发生。无论我们接受与否，它们都客观存在。永远都万事如意的情况，过去不曾有过，今后也不会有。面对生活中不如意的人和事，不妨采取以下三种做法：

一、改变衡量评价的标准。

不如意是一种进行比较后的主观感觉，因此只要我们改变一下比较的标准，就可以在心理上消除不如意。

比如，自己这次没评上职称，觉得很不开心。但是如果换一个角度想想，就会发现这次评选职称的名额有限，许多和自己条件一样甚至强于自己的人也没评上，这样一想，你也许就会舒服很多。

二、通过自己的奋发努力来求得如意。

比如，有些人认为只要工作踏实肯干、业务能力强就可以得到领导的青睐，而忽视了与人的沟通交流。其实，领导也是人，而人都需要得到别人的肯定与尊重，所以要经常与领导交流，向

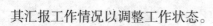

其汇报工作情况以调整工作状态。

三、不要事事苛求如意。

人的心理常常受到伤害的原因之一，就是要求每件事都必须如意。其实，世界上根本就没有绝对的完美，所以我们不要事事都拿着一把完美的尺子去衡量。

生活也许并不是我们想象的那样美好，它对待每个人都存在着偏差。有的人，从生下来就非常顺利，做什么都一帆风顺，没有什么坎坷，事业、婚姻都让别人羡慕；可有的人，从生下来就注定是个倒霉蛋，事业的挫折，生活的艰苦，情感的失意，都在困扰着他，甚至有时连小小的打算也难以实现。

其实这就是正常的生活。因此，不要对生活给予你的不如意心存怨恨，尽早地忘却它吧！只有不断地抛弃烦恼，生活才会向你展露它最灿烂的微笑。

谢谢你曾看轻我

有一个黑人小男孩儿，出身于一个贫寒的黑人单亲家庭，在他 7 岁时，他遭受到了一次极大的羞辱。

有一次，老师让同学们为"社区基金"捐钱。几天后，小男孩儿手里攥着自己捡垃圾挣的 3 美元，激动地等待着老师叫他的名字，然后他便可以自豪地走上讲台捐出自己挣的血汗钱。但老师没叫他的名字，他感到很奇怪，于是问老师为什么不叫他的名字。

老师厉声说："我们这次募捐正是为了帮助你和像你这样的穷人，这位同学，如果你爸爸出得起你 5 美元的课外活动费，你们就不用领救济了。何况，你没有爸爸……"

小男孩儿眼含泪水冲出了学校。羞辱让他变得坚强。从此，他拼命学习和做工。这个黑人小男孩儿就是美国著名的黑人电台节目主持人狄克·格里戈。

可见，贫穷和羞辱可以摧毁人的自信，但也可以促使一个人奋进，向下还是向上就看你的选择了。

我们应该钦佩那些勇敢者，当他们面对羞辱时，当他们用人性的执着与追求超越那些仅停留于羞辱表面的伤害与脆弱时，我们会看到他们正向另一种能够打动人心的高贵和境界进发。所以，当你遭遇羞辱的时候，任何的反击都是疲软无力的。你只有通过加倍的努力获得成功，才是对羞辱最有效的反击。当

你的坚持，终究成就美好

你有一天功成名就，你就会明白，原来羞辱是人生中的一门必修课。

战国时期政治家苏秦自幼家境贫寒，温饱难继，读书自然是一件非常奢侈的事。为了维持生计和读书，他不得不时常帮别人打短工，后来又离乡背井到了齐国拜师求学，跟鬼谷子学纵横之术。

苏秦自以为学业有成，便迫不及待告师别友，游历天下，以谋取功名利禄。数年后，他不仅一无所获，自己的盘缠也用完了，没办法再撑下去，于是他穿着破衣草鞋踏上了回家之路。

到家时，苏秦已骨瘦如柴，全身破烂肮脏不堪，满脸尘土，与乞丐没有什么差别。落魄景象，溢于言表，令人同情。

妻子见他这个样子，摇头叹息，继续织布。嫂子见他这副样子扭头就走，不愿做饭。父母、兄弟、妹妹不但不理他，还暗自讥笑他说："按我们周人的传统，应该是安分于自己的产业，努力从事工商，以赚取十分之二的利润；现在却好，放弃这种最根本的事业，去卖弄口舌，落得如此下场，真是活该！"

此情此景，令苏秦无地自容，惭愧而伤心。他关起房门，不愿意见人，自己做了深刻的反省："妻子不理丈夫，嫂子不认小叔子，父母不认儿子，都是因为我不争气，学业未成而急于求成啊！"

他认识到了自己的不足，又重振精神，搬出所有的书籍，发愤再读书，他想道："一个读书人，既然已经决心埋首读书，却不能凭这些学问来取得尊贵的地位，那么，书读得再多，那又有什么用呢！"于是，他从这些书中捡出一本《阴符经》，用心钻研。他每天研读至深夜，有时候不知不觉伏在书案上就睡着了，第二天醒来，却懊悔不已，痛骂自己没有用，但又没有什么办法不让自己睡着。

有一天，苏秦读着读着实在倦困难当，不由自主便扑倒在书案上，但他猛然惊醒——手臂被什么东西刺了一下。一看是书案上放着一把锥子，他马上想出了制止打瞌睡的办法：锥刺股（大腿）。以后每当要打瞌睡时，他就用锥子扎自己的大腿一下，让自己猛然"痛醒"，继续苦读。

家人见状，心有不忍，劝他不要这么卖命读书。

苏秦回答说："不这样，就会忘记过去的耻辱；唯有如此，才能催我苦读啊！"

经过一年苦读，苏秦很有心得，写出《揣》《摩》二篇。

这时，他充满自信地说："用这套理化和方法，可以说服许多国君了！"

于是苏秦开始用所得的学识和"锥刺股"的精神意志游说六国，终获器重，挂六国相印，声名显赫，开创了自己辉煌的政治生涯。

没有人能一生不遭遇到羞辱，但是比这更重要的是你的态度。有些人被羞辱后，自暴自弃；而有些人则因羞辱而奋发，成就一番功名，这才是人生的强者。

20世纪80年代，年逾古稀的曹禺已是海内外声名鼎盛的戏剧作家。有一次，美国同行阿瑟·米勒应约来京执导新剧本，作为老朋友的曹禺特地邀请他到家做客。吃午饭时，曹禺突然从书架上拿来一本装帧精美的册子，上面裱着画家黄永玉写给他的一封信，曹禺逐字逐句地把它念给阿瑟·米勒和在场的朋友们听。这是一封措辞严厉且不讲情面的信，信中这样写道："我不喜欢你解放后的戏，一个也不喜欢。你的心不在戏剧里，你失去伟大的通灵宝玉，你为势位所误！命题不巩固、不缜密，演绎分析也不够透彻，过去数不尽的精妙休止符、节拍、冷热快慢的安排，那一箩一筐的隽语都消失了……"

阿瑟·米勒后来详细描述了自己当时的迷茫："这信对曹禺的批评，用字不多却相当激烈，还夹杂着明显羞辱的味道。然而曹禺念着信的时候神情激动。我真不明白曹禺恭恭敬敬地把这封信裱在专册里，现在又把它用感激的语气念给我听时，是怎么想的。"

阿瑟·米勒的茫然是可以理解的，毕竟把别人羞辱自己的信件裱在装帧讲究的册子里，且满怀感激念给他人听，这样的行为太过罕见，无法使人理解。但阿瑟·米勒不知道的是，这正是曹禺的清醒和真诚。在这种"傻气"的举动中，透露的实质是曹禺已经把这种羞辱演绎成了对艺术缺陷的真切悔悟。此时的羞辱信对他而言已经是一笔鞭策自己的珍贵馈赠，所以他要当众感谢这一次羞辱。

心胸狭窄者把羞辱变成心理包袱，而豁达乐观者则会把它看作"激励"的别名。

所以，你应该感谢人生道路上的羞辱：是它刺激你用执着战胜了自己内心深处的失败感。感谢羞辱，你的斗志和毅力才能得以升华；感谢羞辱，你才能从羞辱中提炼出自身的短处与缺陷；感谢羞辱，你才能用羞辱激励完善自我……

坚忍的骆驼在沙漠中行走自如

生活不总是公平的，就像大自然中，鸟吃虫子，对虫子来说是不公平的一样，生活中总会有些力量是阻力，不断地打击和折磨我们。

但我们承认生活是坎坷的这一客观事实，并不意味着消极处世，正因为我们接受了这个事实，我们才能放平心态，找到属于自己的人生定位。命运中总是充满了不可捉摸的变数，如果它给我们带来了快乐，当然是很好的，我们也很容易接受，但事情往往并非如此。有时它带给我们的会是可怕的灾难，这时如果我们不能学会接受它，反而让灾难主宰了我们的心灵，生活就会永远失去阳光。

威廉·詹姆士曾说："心甘情愿地接受吧！接受事实是克服任何不幸的第一步。"

我们要学会接受不可避免的事实。即使我们不接受命运的安排，也不能改变事实分毫，我们唯一能改变的，只有自己。

成功学大师卡耐基也说："有一次我拒不接受我遇到的一种不可改变的情况。我像个蠢蛋，不断做无谓的反抗，结果带来无眠的夜晚，我把自己整得很惨。后来，经过一年的自我折磨，我不得不接受我无法改变的事实。"

面对不可避免的事实，我们就应该学着做到诗人惠特曼所说的那样："让我们学着像树木一样顺其自然，面对黑夜、风暴、饥饿、意外等挫折。"

但是，面对现实，并不等于束手接受所有的不幸。只要有任何可以挽救的机会，我们就应该奋斗。而当我们发现情势已不能挽回时，最好就不要再思前想后、拒绝面对，要坦然地接受不可避免的事实，唯有如此，才能在人生的道路上掌握好平衡。

明白了这些，你就会善于利用困难来培养你的耐心、希望和勇气。比如在缺少时间的时候，可以利用这个机会学习怎样安排一点一滴珍贵的时间，培养自己行动迅速、思维灵敏的能力。就像野草丛生的地上能长出美丽的花朵，在满是不幸的土地上，也能绽开美丽的人性之花。

生活的不公正能培养美好的品德，我们应该做的就是让自己的美德在不利的环境中放射出奇异的光彩。

你也许正为一个专横的老板服务，并因此觉得很不公平，那么不妨把这看作对自己的磨炼吧，用亲切和宽容的态度来回应老板的无情。借着这样的机会磨炼自己的耐心和自制力，转化不利的因素，利用这样的时机增强精神的力量，你自己也将提升到更高的精神境界，一旦条件成熟，你就能进入崭新的、更友善的环境中。

外界的事物什么样，这由不得你去选择和控制，但用什么样的态度去对待，可以由你自己做主。

面对生活中的种种不公正，能否使自己像骆驼在沙漠中行走一样自如，关键就在于你是否足够坚忍，这也是成大事者的一种

你的坚持，终究成就美好

格局。

坎坷并非苦难，而是财富

路如蛛网。

老人端坐蛛网中央。

远处，一个黑点在网上移动。

渐渐地，近了，近了，老人看清，那是一个魁伟英俊、朝气蓬勃的年轻人。年轻人着一身牛仔服，穿一双登山鞋，背一个旅行包，拄一根铁拐杖，正急急地向老人靠近。

年轻人来到老人面前，深深地鞠了一躬。

"老人家，我要到山那边去，该走哪条路？"

老人缓缓地抬起右手，伸出三个指头，反问道："左、中、右三条路，你想走哪一条？"

年轻人踌躇了一会儿，说："左边。"

"左边的路坎坷不平！"

老人说完，闭上了眼睛。

年轻人二话没说，拄了拐杖，走了。

不知过了多久，年轻人又来到老人面前。

"老人家，我必须到山那边去，但怎么也走不出那些坎坷，您老人家能告诉我出山的路吗？"

老人又缓缓地抬起右手，伸出三个指头："左、中、右，你想走哪条路？"

"右边的。"年轻人声音很轻，似乎不好意思。

"右边的路，布满荆棘！"

老人说完，又闭上了眼睛。

年轻人呆呆地望了老人一会儿，拄着拐杖，一步一步地走了。

不知过了多久，年轻人再次来到老人面前。他放下背包，席地而坐，喘了几口粗气，才说："老人家，我一定要到山那边去，但走来走去，总是在原地打转，走不出迷惑的荆棘。您老人家能帮帮忙，告诉我出山的路吗？"

老人还是缓缓地抬起右手，伸出三个指头："左、中、右，你想走哪一条路？"

"我想走一条平坦的路！"年轻人毫不犹豫地回答，脸上掠过一丝笑容。

"平坦的路是没有的啊！"老人说完，眼光却似乎充满了鼓励。

年轻人用沉思的眼光扫了老人一眼，似乎明白了老人的用意，背起背包，拄着拐杖，一步一步，坚定地向前走去。

人生本无坦途，在漫长的道路上，谁都难免遇上厄运和不幸。但生活的脚步不论是沉重，还是轻盈，我们从中不仅要品尝失败的痛苦，同时也应该学会享受收获与快乐。只要我们善于总

你的坚持，终究成就美好

结跌倒的教训，在哪里跌倒在哪里爬起来，告别迷惘的昨天，珍惜美好的今天，微笑着面对明天，充满信心展望更加灿烂的后天，不管是从辉煌成功中走出，还是在失败中奋起，漫漫人生路，踏平坎坷成大道，才是我们不懈的追求。

一家公司的主管，在一次培训课上用一幅图诠释了一个人生寓意。

他首先在黑板上画了一幅图：在一个圆圈中间站着一个人。接着，他在圆圈的里面加上了一座房子、一辆汽车、一些朋友。

主管说："这是你的舒服区。这个圆圈里面的东西对你至关重要：你的住房、你的家庭、你的朋友，还有你的工作。在这个圆圈里面，人们会觉得自在、安全，远离危险或争端。现在，谁能告诉我，你跨出这个圈子后，会发生什么？"

教室里顿时鸦雀无声，一位积极的学员打破沉默："会害怕。"

另一位说："会出错。"

这时，主管微笑着说："当你犯错误了，其结果是什么呢？"

最初回答问题的那名学员大声答道："我会从中学到东西。"

主管说："是的，你会从错误中学到东西。当你离开舒服区以后，你学到了你以前不知道的东西，你增加了自己的见识，所以你进步了。"

主管再次转向黑板，在原来那个圈子之外画了个更大的圆圈，还加上些新的东西，包括更多的朋友、一座更大的房子等等。

"如果你总是在自己的舒服区里打转，你就永远无法扩大你的视野，永远无法学到新的东西。只有跨出舒服区以后，你才能使自己人生的圆圈变大，你才能把自己塑造成一个更优秀的人。"主管说道。

的确，在这个世界上，没有一成不变的环境与事物，每个人随时随地可能都需要转换生存方式、生存环境、生存角色、生存意识。如果始终拘泥于一种思考方式、一个固定的位置，就会成为井底之蛙，看不到更广阔的空间，得不到更长远的发展。

人类科学史上的巨人爱因斯坦，在报考瑞士联邦工艺学校时，竟因3科不及格落榜，被人嘲笑为"低能儿"。被誉为"东方卡拉扬"的日本著名指挥家小泽征尔，在初出茅庐的一次指挥演出中，曾被中途轰下场来，紧接着又被解聘。为什么厄运没有推垮他们？因为他们始终把坎坷看作人生的轨迹，人生的一种磨炼。假如他们没有当时的厄运和无奈，也许就没有日后绚丽多彩的人生。

世上有许多的事情是难以预料的。成功伴随着失败，失败伴随着成功。面对成功或荣誉，不要狂喜，也不要盛气凌人，把功名利禄看轻些、看淡些；面对挫折或失败，要像爱因斯坦、小泽征尔那样，不要忧伤，更不要自暴自弃。

漫长的人生道路上，难免会有得意与失落的时候，十年河东，十年河西，在困难到来的时候，不需要你拼命地往前冲，只要你别向后退缩，咬着牙挺过去，把手头的事做好了，幸福也就

你的坚持，终究成就美好

不远了。

人生本无坦途，太顺利了未必就是一件好事，人的一生，既要享受生活带给你的幸福，也要能承受生活带给你的磨难。生活是一把双刃剑，穷有穷的开心，富也有富的烦恼。重要的是你的心态，心态不好你的快乐就会很少，心态好了快乐就会随时在你身边。

在通向成功的人生道路上布满了荆棘，充满数不清的艰难、困苦、辛酸与煎熬。人世间的风风雨雨，就是这个世界赐予我们的智慧，一个人越是经风雨见世面，他的阅历就越广，阅历越广，大脑开发的程度就越高，大脑开发的程度越高，拥有的智慧就越多。

踏平坎坷是坦途，一个人一生中的坎坷，不是苦难，而是财富。每一个挫折与失败，都是一次痛苦的记忆和教训，但也是灯塔、航标，是未来人生路上的指南针。

无论是面对逆境，还是一直走在坦途上，只有怀着积极心态的人，才能不断地超越自己，才能在未来世界的发展之中立于不败之地。因此，我们每个人都要勇于更新自己的思维方式，转换自己的生存状态，调整自己的前进步伐。

永不绝望才有希望

一个人不可能总是一帆风顺的，在时运不济时永不绝望的人就有希望。诸葛孔明六出祁山，是什么在支撑着他？是财富，是

官爵吗？都不是，是精神，是一种"永不绝望"的精神。每一个人都有自己人生的最高理想。然而，却只有极少数的人成功地步入自己的理想领域。由此说来，多数人缺少的便是这种永不绝望的精神。我们必须承认，生活中的挫折有时的确惊人、可怕。但可以说，重大的挫折压倒的，只是人的躯壳，而它万万压不倒的是人们"永不绝望"的精神！

　　在生死攸关的情况下，这种永不绝望的精神更是显得珍贵，甚至它就是我们性命之所系。

　　那是在1966年的夏天。一天，德国南部的一个煤矿发生塌坑事故，有16人埋在坑道里，矿工家属们拥挤在矿坑口喊叫着："我丈夫怎么样啊？""我父亲还活着吧？快点救呀！"这些母亲、妻子、儿女、兄弟姐妹，他们都诚恳地向上帝祷告：救救我们家那个干活儿的人吧！他们哭喊着，对正在进行的救助工作投以全部希望。

　　这时，联络线传来消息："16 个人中有 15 名平安无事。"接着，又念出了 15 个人的名字。这 15 个人的家属们大大松了一口气。

　　可是，在幸存者的名单中却没有一名叫布列希特的青年矿工的名字。他才刚结婚两天，他那年轻的妻子叫着："我丈夫布列希特不行了吗？"她的嘴唇颤抖，强忍悲痛。

　　"不，还不能这么说，我们呼喊过他的名字，但没得到回答。所以，还不确定他在什么地方，在情况还没最后弄清前请不要灰心，我们一定会把他救出来。"救助队的负责人眼望这位刚刚结婚的妙龄新娘，怜悯之情油然而生。

　　"我相信布列希特一定活着，请无论如何也要把他救出来！"这位少妇两只盈满泪水的大眼睛里透出一种强烈的愿望，充满了对救护队长的哀求之意。

　　她始终坚定地相信丈夫还活着，把全部思念之情倾注在坑道里的丈夫身上。她对着地下坑道喊叫着:"你要振作精神活下去呀,为了你和我,你不能死。他们一定会救出你的。"原来,这位布列希特,在矿坑塌陷的一刹那间,仓皇逃跑弄错了方向,和其他人失散了,所以独自一人被埋在坑道间隙的一小块场地里,加上被隔离的地方与地面联络线路相距很远,所以,他就像深锁在孤独的密室里一样,与外界完全断绝了。他在600米的地下,强忍着饥饿和阴暗环境的侵袭,费尽心力,使他那生命之灯继续点燃下去。

事故发生至此,已经有整整13个小时之久。突然,在他耳边出现了他妻子的声音,虽然声音很小,但还能依稀可辨。"你要挺住!要活下去!他们一定会救出你的。"啊,这是多么清晰而亲切的声音,爱人在呼唤着自己!我不能死,要活下去!布列希特深锁在黑暗的塌坑里,一直用妻子的鼓励支撑着他那即将衰竭的气力。

妻子在坑外心急如焚。她不断地向地下的丈夫呼叫,声音都已经嘶哑,对周围人们轻蔑的表情和不理解的目光毫不理睬。她坚定地相信,自己的声音一定能传给坑道内的丈夫。

抢救工作格外困难,由于抢救不及时,原来幸存的15个人被抬出坑口的时候,已经是15具尸体。他们的家属悲痛欲绝,号啕大哭。只剩下布列希特一个人了。到第六天,奇迹出现了:他被救出来时仍然活着。

"我能在黑暗的矿坑里活到现在,全靠妻子的鼓励,没有她

你的坚持,终究成就美好

的持续不断的喊声，恐怕我早已绝望而死了。"青年矿工以充满对心爱妻子的感激之情向人们诉说着。

这就是希望的神奇力量，它能支撑人的生命，若不是矿工和他妻子两人都未绝望，恐怕事情就是另一个结局了。

无独有偶，在那年的英吉利海峡也发生过一件类似的事。

1966年10月，一个漆黑的夜晚，在英吉利海峡发生了一起船只相撞事件。一艘名叫"小猎犬号"的小汽船跟一艘比它大10多倍的航班船相撞后沉没了，104名搭乘者中有11名乘务员和14名旅客下落不明。

艾利森国际保险公司的督察官弗朗西斯从下沉的船身中被抛了出来，他在黑色的波浪中挣扎着。他觉得自己已经气息奄奄了。但救生船还没来。渐渐地，附近的呼救声、哭喊声低了下来，似乎所有的生命全被浪头吞没，死一般的沉寂在周围扩散开去。弗朗西斯觉得他生存的希望已经渐渐消失，他就快要绝望了。就在这令人毛骨悚然的寂静中，出人意料地突然传来了一阵优美的歌声。那是一个女人的声音，歌曲丝毫也没有走调，而且也不带一点儿哆嗦。那歌唱者简直像面对着客厅里众多的来宾在进行表演一样。

弗朗西斯静下心来倾听着，一会儿就听得入了神。寒冷、疲劳刹那间不知飞向了何处，他的心境完全复苏了。他循着歌声，朝那个方向奋力游去。靠近一看，那儿浮着一根很大的圆木头，可能是汽船下沉的时候漂出来的。几个女人正抱住它，唱歌的人就在其中，她是个很年轻的姑娘。大浪劈头盖脸地打下来，她却仍然镇定自若地唱着。在等待救生船到来的时候，为了让其他妇女不丧失力气，为了使她们不致因寒冷和失神而放开那根圆木头，她用自己的歌声给她们增添着希望和力量。就像弗朗西斯借助姑娘的歌声游靠过去一样，一艘小艇也以那优美的歌声为导航，终于穿过黑暗驶了过来。于是，弗朗西斯、那唱歌的姑娘和其余的妇女都被救了上来。

所以，在面对绝境的时候，你可以选择垂头丧气地哭泣或哀号，绝望地将自己交与命运之手；你也可以选择把恐惧扔在一边，像那姑娘一样唱支动听的歌，鼓舞自己，给自己点燃希望。

第二章

不愿一生吹风晒太阳，
咸鱼也要有梦想

就算全世界都否定你，你也要相信你自己

一个墨西哥女人和丈夫、孩子一起移民美国，当他们抵达德州边界艾尔巴索城的时候，她丈夫不告而别，弃她而去，留下她束手无策地面对两个嗷嗷待哺的孩子。22岁的她带着不懂事的孩子，饥寒交迫。虽然口袋里只剩下几块钱，她还是毅然买下车票前往加州。

在那里，她给一家墨西哥餐馆打工，从大半夜做到早晨6点钟，收入只有区区几块钱。然而她省吃俭用，努力储蓄，希望能做属于自己的工作。

后来她打算自己开一家墨西哥小吃店，专卖墨西哥肉饼。有一天，她拿着辛苦攒下来的一笔钱，跑到银行向经理申请贷款，她说："我想买下一间房子，经营墨西哥小吃。如果你肯借给我几千块钱，那么我的愿望就能够实现。"一个陌生的外国女人，没有财产抵押，没有担保人。她自己也不知能否成功。但幸运的是，银行家佩服她的胆识，决定冒险资助……15年以后，这家小吃店扩展成为全美最大的墨西哥食品批发店。她就是拉梦娜·巴努宜洛斯，还担任过美国财政部长。

这是一个平凡女人的自信带来的成功。自信使她白手起家寻求生路，自信给了她战胜厄运的勇气和胆量，自信也给她带来了聪明和智慧。任何人都会成功，只要你肯定自己，相信自己一定会成功，那么你将如愿以偿。

自信与胆量密切相关，自信可以产生勇气，同样，勇气也可以产生自信，而缺乏胆量或过分的自我批判就会削弱自信。

自信是成功人生最初的驱动力，是人生的一种积极的态度和向上的激情。

同是享用一盘水果，有的人喜欢从最小最坏的吃起，把希望放在下一颗，感觉吃过的每一颗都是盘里最坏的，这盘水果就彻头彻尾成了一盘坏水果了。相反，有的人喜欢从最好最大的吃起，那么吃下去的每一颗都是盘里最好的，美好的感觉可以维持到最后。

这是一种奇妙的非逻辑性的感觉，充满心理错觉和心理暗示。

自信与自卑，也是如此。主动与被动仅一字之差，但生命情调却如同吃这盘水果，神情感觉相隔万里。

同是阴雨天气，自信的人在灵魂上打开一扇天窗，让阳光洒在心里，由内而外透射出来，神采奕奕精力充沛，温暖让你感觉得到；自卑的人却在灵魂上打了一排小孔，让阴雨渗进去，潮湿的霉气散发出来，她站在阴暗的边缘，一不小心都看不出来。

同是看一个人，一个比自己优秀的人。自信的人懂得欣赏，并在欣赏的过程中充实自己，相信"我可以更好"；自卑的人萌生嫉妒，并在嫉妒的过程中不断丑化对方，让自己相信"原来我看错了"。

相隔并不遥远，就像在有雾的天气里近处的一盏路灯。灯光暗淡，光影模糊，感觉很有一段距离。然而等太阳出来，云雾散去，才发现原来那盏灯就在眼前。

不正确的所谓的自信，多流于无知的轻率或任性的固执，或目空一切，或刚愎自用，或一意孤行。人们把目光短浅的狂妄叫作自信，却不在意其盲目。人们把阻言塞听的自负叫作自信，却不在意其狭隘。人们把掩耳盗铃的鲁莽叫作自信，却不在意其愚昧。自信仿佛成了点缀个性的奢侈之品，体现性格的装饰之物。

所以，真正的自信是一种睿智，那是胸有成竹的镇静，是虚怀若谷的坦荡，是游刃有余的从容，是处乱不惊的凛然。

自信不是初生牛犊不怕虎的意气，也不是搬弄教条经验的冥顽。自信不是孤芳自赏，不是夜郎自大，也不是毫无根据的自以为是和盲目乐观。自信的魅力在于它永远闪耀着睿智之光。它是深沉而不晦涩的，是一种有着智慧、勇气、毅力支撑的强大的人格力量。

真正自信者，必有深谋远虑的周详，有当机立断的魄力，有坚定不移的矢志，有雍容大度的豁达。它蕴涵在果决刚毅的眉宇之间，是夸父追日，生生不息。它潜藏在宽阔博大的襟怀之中，是高瞻远瞩，胸怀全局。它浮现在力挽狂澜的气势之上，是审时度势，取舍自如。

乐观的态度、自信的人生，是充实而又富有的，是别样的财富，这种财富只有乐观自信的人才会拥有。

成功从自信开始

为什么不多给自己一些信心呢？还是那句老话：成功从自信开始，自信是成功的基石。

在古希腊有一个王子，长得十分英俊。但他却有口吃的毛病。国王请了许多名医来医治他的病，但都没有治好。这使得王子非常自卑，因而不愿意在大众面前露面，更别说跟他人交流了。国王见到这种情况非常着急，亲自去请教一个智者，智者帮他出了一个主意。

国王回来后，请来了全国最好的作家，为王子写了一本书，书中的王子不是个结巴，相反是一个充满自信的演说家，他用自己的演讲鼓舞那些对生活丧失信心的人。人们对王子充满了尊敬和仰慕。国王特地将这本书做得很大，并将他放在王子随时都能看到的地方。

　　当王子读完这本书时，他被深深地震撼了。国王意味深长地对他说："只要你愿意，你就是这个样子。"

　　从此以后，王子时时都注意自己的发音，不断地练习演讲，甚至主动跟别人交流。

　　几个月后，见到他的人都说："王子的口吃比以前好多了。"王子听到这些话，更有信心，以后更加勤奋地练习说话。

　　终于有一天，当王子在和别人说话时，已经能流利地表达自己的思想，他不再是那个结巴的王子了，而是一位成功的演说家，就像书中写的那样。

　　吴士宏是我们耳熟能详的名人。在吴士宏走向成功的过程中，她初次去 IBM 面试那段最值得称道了。

　　当时的她还只是个小护士，抱着个半导体学了一年半许国璋英语，就壮起胆子到 IBM 去应聘。

　　那是 1985 年，站在长城饭店的玻璃转门外，吴士宏足足用了五分钟的时间来观察别人怎么从容地步入这扇神奇的大门。

　　两轮的笔试和一次口试，吴士宏都顺利通过了。面试进行得也很顺利。最后，主考官问她："你会不会打字？"

"会！"吴士宏条件反射般说。

"那么你一分钟能打多少？"

"您的要求是多少？"

主考官说了一个数字，吴士宏马上承诺说可以。她环顾了四周，发现现场并没有打字机，果然考官说下次再考打字。

实际上，吴士宏从来没有摸过打字机。面试结束，她飞也似的跑了出去，找亲友借了170元买了一台打字机，没日没夜地敲打了一个星期，双手疲乏得连吃饭都拿不住筷子了，但她竟奇迹般达到了考官说的那个专业水准。过好几个月她才还清了那笔债务，但公司也一直没有考她的打字功夫。

吴士宏的成功经历告诉我们：自信是走向成功的第一步，当你用满腔的自信去迎接考验时，就相当于打响了走向成功的第一炮！

有些人平时和身边的朋友亲人可以自在地侃侃而谈，而一旦身处陌生的关键的场合就会变得很怯场，人为地为自己的成功之路设置了障碍。

美国一位职业指导专家认为，21世纪人们首先应当学会的是充满自信地推荐自己。可见，在现代社会，面试过程中如何自信自如地把自己推荐给主考官是决定面试结果的大事。所以，每一个人都应当高度重视，记住：成功从自信开始，要想赢得辉煌，首先要满怀热诚地相信自己。

像自己想成为的人那样去生活

一座深山里有两块石头，第一块石头对第二块石头说："与其在这里养尊处优，默默无闻，还不如到外面的世界去经历一番艰险和坎坷，经历一些磕磕碰碰。能够见识一下旅途的风光，也就知足了。"

"不，何苦呢？"第二块石头说，"安坐高处，一览众山小，周围花团锦簇，谁会那么愚蠢地在享乐和磨难之间选择后者？再说那路途的艰险磨难会让我粉身碎骨的！"

于是，第一块石头随山溪滚涌而下，虽然受尽了雨雪风霜和大自然的非难，但它依然执着地在自己的路途上奔波。第二块石头见它如此辛劳和困苦，讥讽地笑了，它独自在高山上享受着安逸和幸福。许多年后，饱经风霜、历尽沧桑、千锤百炼的第一块石头和它的家族被有心人发现了，并收藏在博物馆中。它们成了世间的珍品、石艺的奇葩，被千万人赞美称颂，享尽了人间的富贵荣华。第二块石头知道后，有些后悔当初，现在它想去投入到世间风尘的洗礼中，然后得到像第一块石头拥有的成功和高贵，可是一想到要经历那么多的坎坷和磨难，甚至伤痕累累，还有粉身碎骨的危险，便又退缩了。

一天，人们为了更好地珍存那石艺的奇葩，准备为第一块石头重新修建一座博物馆，建造材料全部用石头。于是，他们来到高山上，把第二块石头凿方推平，给第一块石头盖起了房子。

朋友，读了这个故事，你希望自己做哪一种石头？

19 世纪末，英国有一位唯美派作家王尔德，他对于文学事业非常投入，写作时一丝不苟、不遗余力，改稿不厌其烦，以求达到完美。有一天，当王尔德显得有些劳累，在餐馆用晚餐时，他的好友问他说："你今天一定很忙吧？看你一副累垮了的模样。"王尔德回答："是啊！今天真是累人，我整个上午都在校对一篇诗稿。"朋友说："只是这样啊！结果呢？"王尔德说："结果删掉了一个逗号，真的好累！"朋友吃惊地说："就只有这样？"王尔德很认真地说："是这样没错啊！可是……"朋友好奇地追问："可是什么？"王尔德说："可是到了下午，我又把那个删掉的逗号加了回去。"

由于这种精神，他的不少作品成为世界名著，到现在还广为流传。

世界上第一位亿万富翁石油大王洛克菲勒曾对他的儿子说："我之所以成功，是因为我一贯地追求完美。要做就做第一，在我眼中，第二名和最后一名没有什么区别。"

追求完美，是人类自身在渐渐成长过程中的一种心理特点或者说是一种天性。人类正是在这种追求中不断完善着自己，使得自身脱去了以树叶遮羞的衣服，变得越来越漂亮，成为这个世界万物之精灵。如果人只满足于现状，而失去了对完美的追求，那么人大概现在还只能在森林中爬行。

凤凰涅槃是追求完美的典范。传说天方国有神鸟叫"菲尼克司",满 500 年后,它们堆集香木自焚,又从死灰中再生,不再死去。

泰戈尔曾说:"天地万物都在追求自身的独一无二的完美。"我们虽然做不到完美,但我们可以追求完美,至少我们在向完美靠近。

跨越自己给自己设的藩篱

有时候,限制我们走向成功的,不是别人拴在我们身上的锁链,而是我们自己为自己设置的障碍。高度并非无法超越,只是我们无法超越自己思想的限制,更没有人束缚我们,只是我们自己束缚了自己。

1968 年,在墨西哥奥运会的百米赛场上,美国选手海恩斯撞线后,激动地看着运动场上的计时牌。当指示器打出 9.9 秒的字样时,他摊开双手,自言自语地说了一句话。

后来,有一位叫戴维的记者在回放当年的赛场实况时再次看到海恩斯撞线的镜头,这是人类历史上第一次在百米赛道上突破 10 秒大关。看到自己破纪录的那一瞬,海恩斯一定说了一句不同凡响的话,但这一最佳新闻点,竟被现场的四百多名记者疏忽了。

因此,戴维决定采访海恩斯,问问他当时到底说了一句什么话。

戴维很快找到海恩斯，问起当年的情景，海恩斯竟然毫无印象，甚至否认当时说过什么话。

戴维说："你确实说了，有录像带为证。"

海恩斯看完戴维带去的录像带，笑了。他说："上帝啊，那扇门原来是虚掩的。"

谜底揭开后，戴维对海恩斯进行了深入采访。

自从欧文斯创造了 10.3 秒的成绩后，曾有一位医学家断言，人类的肌肉纤维所承载的运动极限，不会超过每秒 10 米。

海恩斯说："30 年来，这一说法在田径场上非常流行，我也以为这是真理。但是，我想，自己至少应该跑出 10.1 秒的成绩。每天，我以最快的速度跑 5 千米，我知道百米冠军不是在百米赛道上练出来的。我在墨西哥奥运会上看到自己 9.9 秒的纪录时，惊呆了。原来，10 秒这个门不是紧锁的，而是虚掩的，就像终点那根横着的绳子一样。"

后来，戴维撰写了一篇报道，填补了墨西哥奥运会留下的一个空白。不过，人们认为它的意义不限于此，海恩斯的那句话，为我们留下的启迪更为重要。

命运的门总是虚掩的，它会给我们留下一道开启的缝隙，可是我们情愿相信那是一堵不可穿越的墙。于是，我们独特的创意被自己抹杀，认为自己无法成功致富；告诉自己，难以成为配偶心目中理想的另一半，就无法成为孩子心目中理想的父母。然

后，开始向环境低头，甚至开始认命、怨天尤人。

这一切都是我们心中那条系住自我的铁链在作祟罢了。或许，你必须耐心静候生命中来一场大火，逼得你非得选择挣断链条或甘心遭大火席卷。或许，你将幸运地选对了前者，在挣脱困境之后，语重心长地告诫后人，人必须经苦难磨炼方能得以成长。

其实，面对人生，你还有一种不同的选择。你可以当机立断，运用我们内在的能力，当下立即挣开消极习惯的捆绑，改变自己所处的环境，投入另一个崭新的积极领域中，使自己的潜能得以发挥。

你愿意静待生命中的大火？甚至甘心遭它席卷，低头认命？抑或立即在心境上挣开环境的束缚，获得追求成功的自由？

这项慎重的选择，当然得由你自行决定。

善用智慧，才会更容易到达梦想的彼岸

我们很可能遇到这样的情形：有时候会觉得所有的问题都会接踵而至，所有的难题似乎都在同一时间之内抛向了你，于是你

开始晕头转向，不明白为什么自己的运气会这么差。而每每这个时候，人越是要慎重走好每一步，每一步都要经过深思熟虑，只有深思熟虑之后不走错路，这些问题才能迎刃而解，自己的前途才能无限光明。

做任何事情，都既要勤奋刻苦，又要开动脑筋想办法。傻瓜喜欢速决：他们不顾障碍，行事鲁莽，干什么事都急匆匆的；有时候尽管判断正确，却又因为疏忽或办事缺乏效率而出差错；在遇到难题的时候，不是积极主动地寻找方法，而是默默地待在那里等待时间去自行解决。但是智者却不会这样，他们一生都在开动脑筋，积极寻找新的方法，为人类解决了很多曾被认为是根本解决不了的问题。在现代社会，每个人都在想一切办法来解决生活中的问题，而且，最终的强者也将是善于寻找新方法的那一部分人。

稻盛和夫在日本经济界享有很高的声誉。他所创办的京都陶瓷公司，是日本最著名的高科技公司之一。该公司刚创办不久，就接到著名的松下电子的显像管零件 U 形绝缘体的订单。这笔订单对于京都陶瓷公司的意义非同一般。

但是，与松下做生意绝非易事，商界对松下电子公司的评价是："松下电子会把你尾巴上的毛拔光。"对新创办的京都陶瓷公司，松下电子虽然看中其产品质量好，给了他们供货的机会，但在价钱上却一点都不含糊，且年年都要求降价。对此，京都陶瓷有一些人很灰心，因为他们认为：再这样做下去的话，根本无利

你的坚持，终究成就美好

可图，不如干脆放弃算了。但是，稻盛和夫认为：松下出的难题，确实很难解决，但是，屈服于困难，也许是给自己找借口，只有积极主动地想办法，才能最终找到解决之道。

经过再三摸索，京都陶瓷公司创立了一种名叫"变形虫经营"的管理方式。其具体做法是将公司分为一个个的"变形虫"小组，作为最基层的独立核算单位，将降低成本的责任落实到每一个人身上。即使是一个负责打包的员工，也都知道用于打包的绳子原价是多少，明白浪费一根绳会造成多大的损失。这样一来，公司的营运成本大大降低，即便是在满足松下电子苛刻的条件下，利润也甚为可观。

有些问题的确非常顽固，想了许多办法，仍无法解决。于是有人便认为"已是极限"，或是"已经尽力"，再努力也是白搭。你真正经过一番努力奋斗后，就知道所谓"难"，其实只是自己的"心灵桎梏"。解决问题的关键不在于问题本身，而在于我们没有解开自己的心结，在于我们没有用心去"想"。不怕问题困难，就怕不想。就好像一把钥匙开一把锁，每一个问题都会有解决的办法，而这把解决问题的钥匙，就在我们自己身上。

在面对一个问题时，如果不积极思考，努力寻找应对之策，那么，即使你是一名天才，面对该问题，你仍会一筹莫展。所以我们就要开动自己的脑筋走好每一步，才能够让坏牌变好牌！

你无法主宰世界，但你可以选择人生

有些人，在智商方面可能并没有什么超常的地方，但他们总有某个特质是超出常人的。这种时候，只有使这些能让自己成就大事的特质得到充分的发挥，人才有可能成功。

每个人在给自己定位或者确定方向的时候，总会受到外界这样或者那样的影响，其中包括父母长辈的期望。在这种情况之下，一个人就容易受外在事物的影响，不遵从自身特质的指引，走上一条受他人影响甚至由别人指定的道路。

这对于任何人而言都是一种悲哀。每个人遇到这种情况时，都应该坚持，坚持自己的特质。

诺贝尔物理学奖获得者杰拉德斯·图夫特的成长经历在杰出人士这一群体中就很具有代表性。

当杰拉德斯·图夫特还是一个 8 岁的小男孩儿时，一位老师问他："你长大之后想成为怎样的人？"他回答："我想成为一个无所不知的人，想探索自然界所有的奥秘。"图夫特的父亲是一位工程师，因此想让他也成为一名工程师，但是他没有听从。"因为我的父亲关注的事情是别人已经发明的东西，我很想有自己的发现，做出自己的发明。我想了解这个世界运作的道理。"正是有着这样的渴求，当其他孩子正在玩耍或者在电视机前荒废时光的时候，小小的图夫特就在灯前彻夜读书了。"我对于一知半解从来不满足，我想知道事物的所有真相。"他很认真地说。

图夫特告诫我们要保持自我，"最重要的是一定要决定你要走什么样的道路。你可以成为一名科学家，可以去做医生，但是一定要选择你的道路。世界上没有完全相同的两个人，这就是人类能够取得各种各样成就的原因。所以没有必要来强迫一个人去做他不感兴趣的工作。如果你对科学感兴趣，你要尽量找一些好的老师，这点非常重要。即使是这样，你也不一定就会获得诺贝尔奖，这些事情是可遇而不可求的，你不能过于注重结果，你不要期望一定能取得什么样的成就。如果你真正地投入到一个领域当中，倘若那不是你想要得到的，那么你也不能从中发现真正的乐趣"。

这话深刻地揭示了，保持自己的特长，让自己前行的道路能够顺应自己固有的特质延伸，对于杰出人士的成长至关重要。

德塞纳维尔在别人眼里是干什么都不行的庸才。但是，他总觉自己有与众不同的地方。有一天，他脑子里飘起一段曲调，他便将它大概哼了出来，并用录音机录了下来，请人写成乐谱，名为《阿德丽娜叙事曲》。阿德丽娜正是他的大女儿。曲子谱好后，就在罗曼维尔市找了一个游艺场的钢琴演奏员为之录音。这个演奏员没啥名气，穷酸得很。德塞纳维尔给他取了个艺名，叫理查德·克莱德曼……这一演奏不要紧，在音乐界引起了轰动，唱片在全世界一下子卖了 2600 万张，德塞纳维尔发了财。他说："我不会玩任何乐器，也不识乐谱，更不懂和声。不过我喜欢瞎哼哼，哼出些简单的、大众爱听的调儿。"

德塞纳维尔只作曲，不写歌，他的曲子已有数百首，并且流行全球。20年来，德塞纳维尔靠收取巨额版税，过上了富足的生活。

保持特质，最后也许会得到一片蓝天。

你要相信，没有到达不了的明天

生活陷入困顿，人生陷入低谷，这个时候你在想些什么？就打算这样过一辈子吗？当然不能。面对生活的不幸，我们只有依靠坚韧的态度来承担风雨，才有机会重见阳光。

世界上最容易、最有可能取得成功的人，就是那些坚忍不拔的人。无论你现在的境况如何，都要坚定不移、百折不挠。

莎莉·拉斐尔是美国著名的电视节目主持人，曾经两度获奖，在美国、加拿大和英国每天有800万观众收看她的节目。可是她在30年的职业生涯中，却曾被辞退18次。

刚开始，美国大陆的无线电台都认定女性主持不能吸引观众，因此没有一家愿意雇用她。她便迁到波多黎各，苦练西班牙语。有一次，多米尼亚共和国发生暴乱事件，她想去采访，可通讯社拒绝她的申请，于是她自己凑够旅费飞到那里，采访后将报道卖给电台。

1981年她被一家纽约电台辞退，无事可做的时候，她有了一个节目构想。虽然很多国家广播公司觉得她的构想不错，但碍于她是女性，所以最终还是放弃了。最后她终于说服了一家公司，受到了雇用，但她只能在政治台主持节目。尽管她对政治不熟，但还是勇敢尝试。1982 年夏，她的节目终于开播。她充分发挥自己的长处，畅谈 7 月 4 日美国国庆对自己的意义，还请观众打来电话互动交流。令人想不到的是，节目很成功，观众非常喜欢她的主持方式，所以她很快成名了。

当别人问她成功的经验时，她发自内心地说："我被人辞退了 18 次，本来大有可能被这些遭遇所吓退，做不成我想做的事情。但结果恰恰相反，我让它们鞭策我前进。"

正是这种不屈不挠的性格使莎莉在逆境中避免了一蹶不振、默默无闻的一生，走向了成功。

任何成功的人在达到成功之前，没有不遭遇失败的。爱迪生在经历了一万多次失败后才发明了灯泡，沙克也是在试用了无数介质之后，才培养出小儿麻痹疫苗。

"你应把挫折当作使你发现你思想的特质，以及你的思想和你明确目标之间关系的测试机会。"如果你真能理解这句话，它就能调整你对逆境的态度，并且能使你继续为目标努力，挫折绝对不等于失败，除非你自己这么认为。

爱默生说过："我们的力量来自我们的软弱，直到我们被戳、被刺，甚至被伤害到疼痛的程度时，才会唤醒有着神秘力量的愤怒。伟大的人物总是愿意被当成小人物看待，当他坐在占有优势的椅子中时会昏昏睡去，当他被摇醒、被折磨、被击败时，便有机会可以学习一些东西了；此时他必须运用自己的智慧，发挥他的刚毅精神，他会了解事实真相，从他的无知中学习经验，治疗好他的自负精神病。最后，他会调整自己并且学到真正的技巧。"

因此，无论经历怎样的失败和挫折，你都要从精神上去战胜它，别把它当一回事，甩甩手从头再来，成功终究会来临。

你的坚持，终究成就美好

第三章

拼尽最后一把力气，
不成功也要尽了兴

生命在，希望就在

有一个富翁，在一次生意中亏光了所有的钱，并且欠下了债，他卖掉房子、汽车，还清了债务。

此刻，他孤独一人，无儿无女，穷困潦倒，唯有一只心爱的猎狗和一本书与他相依为命。在一个大雪纷飞的夜晚，他来到一座荒僻的村庄，找到一个避风的茅棚。他看到里面有一盏油灯，于是用身上仅存的一根火柴点燃了油灯，拿出书来准备读。但是一阵风忽然把灯吹灭了，四周立刻漆黑一片。这位孤独的老人陷入黑暗之中，对人生感到痛彻的绝望，他甚至想到了结束自己的生命。但是，身边的猎狗给了他一丝慰藉，他无奈地叹了一口气沉沉睡去。

第二天醒来，他忽然发现心爱的猎狗被人杀死在门外。抚摸着这只与自己相依为命的猎狗，他突然决定要结束自己的生命，世间再没有什么值得留恋的了。于是，他最后扫视了一眼周围的一切。这时，他发现整个村庄都沉寂在一片可怕的寂静之中。他不由得急步向前，啊，太可怕了，尸体，到处是尸体，一片狼藉。显然，这个村庄昨夜遭到了匪徒的洗劫，连一个活

你的坚持，终究成就美好

口也没留下来。

看到这可怕的场面，老人不由得心念急转："啊！我是这里唯一幸存的人，我一定要坚强地活下去。"此时，一轮红日冉冉升起，照得四周一片光亮，老人欣慰地想："我是幸运的人，我没有理由不珍惜自己。虽然我失去了心爱的猎狗，但是，我得到了生命，这才是人生最宝贵的。"

老人怀着坚定的信念，迎着灿烂的太阳出发了。

故事中的老人，在失意甚至绝望时，重新找回了希望，赶走了悲伤。这不能不说是他人生中的一大转折。

联想到我们日常的生活和学习，如果遇到失意或悲伤的事情时，我们一样要学会调整自己的心态。

如果你的演讲、你的考试和你的愿望没有获得成功，如果你曾经尴尬，如果你曾经失足，如果你被训斥和谩骂，请不要耿耿于怀。对这些事念念不忘，不但于事无补，还会占据你的快乐时光。抛弃它吧！把它们彻底赶出你的心灵。

让担忧和焦虑、沉重和自私远离你，更要避免与愚蠢、虚假、错误、虚荣和肤浅为伍，还要勇

敢地抵制使你失败的恶习和使你堕落的念头，你会惊奇地发现，你的人生旅途是多么的轻松、自由，你是多么自信！

走出阴影，沐浴在明媚的阳光中。不管过去的一切多么痛苦、多么顽固，把它们抛到九霄云外。不要让担忧、恐惧、焦虑和遗憾消耗你的精力。把你的精力投入到未来的创造中去吧，要主宰自己，做自己的主人。请记住：生命在，希望就在！

生命自有精彩，你只负责努力

每个人心中都应有两盏灯光，一盏是希望的灯光；一盏是勇气的灯光。有了这两盏灯光，我们就不怕海上的黑暗和波涛的险恶了。

如果你要选择成功，那么，你同时要选择坚强。因为一次成功总是伴随着许多失败，而这些失败从不怜惜弱者。没有铁一般的意志，你就不会看到成功的曙光。生活告诉我们，怯懦者往往被灾难打垮、吓退，坚强者则大步向前。

据说有一个英国人，生来就没有手和脚，竟能如常人一般生活。有一个人因为好奇，特地拜访他，看他怎样行动，怎样吃东西。那个英国人睿智的思想、动人的谈吐，使客人十分惊异，甚至完全忘掉了他是个残疾人。

巴尔扎克曾说过："挫折和不幸是人的进身之阶。"悲惨的事情和痛苦的境况是一所培养成功者的学校，它可以使人神志清醒，遇事慎重，改变举止轻浮、冒失逞能的恶习。上帝之所以将如此之多的苦难降临到世上，就是想让苦难成为智慧的训练场、耐力的磨炼所、桂冠的代价和荣耀的通道。

所以，苦难是人生的试金石。要想取得巨大的成功，就要先懂得承受苦难。在你承受得住无数的苦难相加的重量之后，才能承受成功的重量。

当你碰到困难时，不要把它想象成不可克服的障碍。因为，在这个世界上没有任何困难是不可克服的，只要你敢于扼住命运的咽喉。

贝多芬28岁便失去了听觉，耳朵聋到听不见一个音节的程度，但他为世界留下了雄壮的《第九交响曲》。托马斯·爱迪生想要听到自己发明的留声机唱片的声音，只能用牙齿咬住留声机盒子的边缘，使骨头受到震动而感觉到声响。不屈不挠的美国科学家弗罗斯特教授奋斗25年，硬是用数学方法推算出太空星群以及银河系的活动变化。但他是个盲人，看不见他热爱了终生的天空。塞缪尔·约翰生的视力衰弱，但他顽强地编纂了全世界第一本真正伟大的《英语词典》。达尔文被病魔缠身40年，可是他从未间断过改变了整个世界观念的科学预想的探索。爱默生一生多病，但是他为美国文学留下了一流的诗文集。

如果上帝已经开始用苦难磨砺你，那么，能否通过这次考验，就看你是不是能扼住命运的咽喉，走出一条绚丽的

人生之路了。

与苦难搏击，会激发你身上无穷的潜力，锻炼你的胆识，磨炼你的意志。也许，身处苦难之时，你会倍感痛苦与无奈，但当你走过困苦之后，你会更加深刻地明白：正是那份苦难给了你人格上的成熟和伟岸，给了你面对一切无所畏惧的勇气。

苦难，在不屈的人们面前会化成一种礼物，这份珍贵的礼物会成为真正滋润你生命的甘泉，让你在人生的任何时刻都不会轻易被击倒！

纵有疾风来，人生不言弃

生活中我们缺少的就是坚持，在希望的事情没有实现之后，就放弃了，伤心，失落，甚至抱怨，觉得命运不公平。可是，只有懂得坚持的人，才能赢得事业上的成功。

我们当中的很多人，不仅自己不努力，还去嘲笑那些为了梦想而努力的人，觉得他们愚蠢。或许有一天，当你再次见到那个曾经被你嘲笑过的人时，会突然间发现他已经成为一个非常成功的人。

就像《士兵突击》中的许三多：他是一个别人眼中的"三呆子"，他很重视每一次机会，即使在别人眼中他永远是一个笨手笨脚的人，一个在起初连正步都走不好的人，他认为自己不是马而是骡子，所以他加倍努力，做什么就和抓住了救命的稻草一样珍惜，最终他超越了当初嘲笑他的许多人。

你的坚持，终究成就美好

生活中有无数的挑战，也有无数次擦肩而过的机会，有些人视而不见，而另外一些人却牢牢地抓住了它。有时候一次机会就会造就一个人的命运。很多人空有一身本领，却不懂得如何把握机会，所以一生"怀才不遇"，而一些人虽然不是"学富五车"，但却总走得比别人远，也并非投机取巧，而是善于抓住不远处的机会，每一次都不错过。所以我们常常会看到这样的现象：一些人并不是很出色但却能走到高处，做出成绩，而那些"才高八斗"的人却总是失意。

不过，机会或时机是难以察觉和捕捉的，它不会自己跑来敲你的门，也不会大喊大叫把你惊醒。它像不经意间掠过你面前的一阵风，又像一条水中的游鱼，似乎抓住了却又从你手中溜走。机会的确是成功的催化剂，成功人士凭借机会可以更快地达到目标。

有一句格言说得好："幸运之神会光顾世界上的每一个人，但如果她发现这个人并没有准备好要迎接她时，她就会从大门里走进来，然后从窗子里飞出去。"台塑董事长王永庆就是一个善于抓住机遇的人。

1980年，美国经济陷入低潮，石化工业普遍不景气，关闭、停产的化工厂比比皆是。

经济萧条期间，许多企业家抱着观望的态度，不敢贸然行动，那些濒临倒闭的石化厂虽然亏本出售，却仍无人问津。但是王永庆却发动攻势，以出人意料的低价，买下美国得克萨斯州休

斯敦的一个石化厂。

得克萨斯州是美国石油蕴藏量最丰富的一个州，而且油质非常好。王永庆在那儿筹建全世界规模最大的 PVC 塑胶工厂，年产量 48 万吨。

王永庆在第二年又以迅雷不及掩耳的速度在美国的路易斯安那州和特拉华州各买下了一个石化厂。

1982 年，王永庆更以 1950 万美元买下了美国 JM 塑胶管公司的 8 个 PVC 下游厂。王永庆的这些大胆举动令同行大为不解，他们用疑惑的目光注视着他，议论纷纷。

可王永庆认为，在经济不景气的时候进行投资，收购或建厂的成本比较低，可增加产品的竞争力；而且，经济景气大都遵循一定的周期规律，有落必有涨，兴建一座现代化工厂约需要一年半到两年时间，

你的坚持，终究成就美好

在经济不景气时建厂，等到建设结束时，市场又在复苏之中，正好赶上销售良机。

不过经济复苏却花了很长的一段时间，加上收购的工厂出现了一系列的问题，例如石化厂机器老化、设备残旧等等，让他一年时间亏损了800万美元。

不过，王永庆并没有灰心，他通过改制，让工厂的面貌有了彻底改观，生产很快走上了正轨。

经过台塑人的辛勤奋斗，到1983年底，王永庆在美国的PVC厂每年的产量共计达39万吨，加上台塑原有的55万吨生产能力，合计年产量达到94万吨，台塑企业成了世界上产量最大的PVC制造商。

机会对于我们每一个人来说都是来之不易的，哪怕它是那么的微小，都值得一试。只有尝试才会有希望，放弃机会就等于放弃了成功的可能。

只要你不放弃，梦想会一直在原地等你

美国一位哲人曾这样说过："很难说世上有什么做不了的事，因为昨天的梦想，可以是今天的希望，并且还可以是明天的现实。"梦想是什么呢？梦想是对美好未来的向往与追求，它在我们的生命中是不可或缺的。没有泪水的人，他的眼睛是干涸的；没有梦想的人，他的世界是黑暗的。

梦想对一个人是很重要的，一个没有梦想的人，就像断了线

的风筝一样，没有任何的方向和依靠，就像大海中迷失了方向的船，永远都靠不了岸。只有梦想可以使我们有希望，只有梦想可以使我们保持充沛的想象力和创造力。要想成功，必须有梦想，你的梦想决定了你的人生。

一位成功人士回忆他的经历时说："小学六年级的时候，我考试得了第一名，老师送了我一本世界地图，我好高兴，跑回家就开始看这本世界地图。很不幸，那天轮到我为家人烧洗澡水。我一边烧水，一边在灶边看地图，看到一张埃及地图，想到埃及很好，埃及有金字塔，有尼罗河，有很多神秘的东西，心想长大以后如果有机会我一定要去埃及。

"我正看得入神的时候，突然有人从浴室冲出来，胖胖的，围一条浴巾，用很大的声音跟我说：'你在干什么？'我抬头一看，原来是我爸爸。我说：'我在看地图！'爸爸很生气，说：'火都熄了，看什么地图！'我说：'我在看埃及的地图。'我爸爸跑过来啪啪给我两个耳光，然后说：'赶快生火！看什么埃及地图！'打完后，踢我屁股一脚，把我踢到火炉旁边去，用很严肃的表情跟我讲：'我保证，你这辈子不可能到那么遥远的地方！赶快生火！'

"我当时看着爸爸，呆住了，心想：我爸爸怎么给我这么奇怪的保证？真的吗？我这一生真的不可能去埃及吗？20年后，我第一次出国就去埃及，我的朋友都问我：'到埃及干什么？'那时候还没开放观光，出国是很难的。我说：'因为我的生命不要被保证。'于是我就自己跑到埃及旅行。

"有一天，我坐在金字塔前面的台阶上，买了张明信片寄给我爸爸。我写道：'亲爱的爸爸：我现在在埃及的金字塔前面给你写信。记得小时候，你打我两个耳光，踢我一脚，保证我不能到这么远的地方来，现在我就坐在这里给你写信。'写的时候我的感触很深。我爸爸收到明信片时跟我妈妈说：'哦！这是哪一次打的，怎么那么有效？一脚踢到埃及去了。'"

俄国文学家列夫·托尔斯泰说："梦想是人生的启明星。没有它，就没有坚定的方向；没有方向，就没有美好的生活。"

梦想能激发人的潜能。心有多大，舞台就有多大。人是有潜力的，当我们抱着必胜的信心去迎接挑战时，我们就会挖掘出连自己都想象不到的潜能。

如果没有梦想，潜能就会被埋没，即使有再多的机遇等着我们，我们也可能错失良机。

有了梦想，你还要坚持下去，如果半途而废，那和没有梦想的人也就没有区别了。如果你能够不遗余力地坚持，就没有什么可以阻止你的理想的实现。

梦想是前进的指南针。因为心中有梦想，我们才会执着于脚下的路，坚定自己的方向不回头，不会因为形形色色的诱惑而迷失方向，更不会被前方的险阻吓退。

命运只垂青那些一定要赢、一定更好的人

有这样一个故事：

一个诗人听说一个年轻人想跳桥自杀，而他手里拿着的是这位诗人的诗集《命运扼住了我的喉咙》。诗人听说后，拿了另一本诗集，赶紧冲到桥上。诗人来到桥上，走到年轻人面前。

年轻人见有人上前，便做出欲跳的姿态说道："你不要过

你的坚持，终究成就美好

来！你不用劝我，我是不会下来的，命运对我太不公平了。"诗人冷冷地说："我不是来劝你的，我是来取回我那本诗集的。"年轻人很疑惑。诗人说："我要将这本诗集撕碎，不再让它毒害别人的思想，我可以用我手中的这本诗集和你手中的那本交换。"

年轻人犹豫了一会儿，答应了诗人的请求。年轻人接过诗人手上的那本诗集，有点儿吃惊，因为诗人手上的那本诗集的名字和原来那本非常相似，但又是如此不同——《我扼住了命运的喉咙》。

诗人接过年轻人手中的那本诗集，对着它凝望了一会儿，便将它撕得粉碎，撕完后，诗人又说道："当我四肢健全时，我曾多次站在你那里，但在我经历了那场车祸变成残疾后，我便再也没站在那里过。"诗人说完，用深切的目光望着年轻人。年轻人迎着诗人的目光沉思了一会儿，终于从桥上下来了。

很多时候，我们和上面这个年轻人一样，总是被身边的人和事牵绊着、主宰着，把自己的人

生交给命运去处理，而忘了自己其实是自己人生的主人，我们的命运和心灵应该由自己做主。

如果说生命是一艘航船，那么我们对舵的把握程度，就决定了我们拥有怎样的人生。一个人的命运好不好，是自己决定的。敢于主宰和规划人生，奇迹便会不断产生。

世界上的人基本上分为两大类：一种人拥有积极乐观的人生态度，而另外一种人拥有消极悲观的人生态度。不同的人生态度，铸就不同的人生结果。

那些积极乐观的人，总是自己掌握自己的命运之舵，从而顺利到达幸福的彼岸；而那些消极悲观的人，总是把自己的命运之舵交给别人，或者依靠所谓的命运之神，结果永远在苦海里挣扎。如果有了积极的心态，又能不断地努力奋斗，那么世上一切事情都有成功的可能。如果既没有积极的心态，又不肯好好去努力，那么将永远和幸福失之交臂。

亨利曾经说过："我是命运的主人，我主宰我的心灵。"人应该做自己的主人，应该主宰自己的命运，而不能把自己交付给别人。不能把自己交付给金钱，成为金钱的奴隶；不能为了权力，成了权力的俘虏；不能经不住生活中各种挫折与困难的考验，把自己交给上帝；不能经历一次失败后便迷失了自己，向命运低头，从此一蹶不振。

一个不想改变自己命运的人，是可悲的；一个不能靠自己的能力改变命运的人，是不幸的。一个人想获得成功，必定要经过无数的考验，而一个经受不住考验的人是绝对不能干出一番大事的。很多人之所以不能成就大事，关键就在于无法激发挑战命运的勇气和决心，不善于在现实中寻找答案。古今中外的成功者，无不是凭借自己的努力奋斗，掌控命运之舟，在波峰浪谷间破浪扬帆。

每个人都要努力做命运的主人，不能任由命运摆布自己。像莫扎特、凡·高这些历史上的名人都是我们的榜样，他们生前都遭遇过许多挫折，但他们没有屈服于命运，没有向命运低头，而是向命运发起了挑战，最终战胜了命运，成为自己的主人，成了命运的主宰者。

总有一个梦想，能在现实中开花

心界决定一个人的世界。只有渴望成功，你才能有成功的机会。

《庄子》开篇的文章是"小大之辩"。说北方有一个大海，海中有一条叫作鲲的大鱼，宽几千里，没有人知道它有多长。鲲化为鸟叫作鹏。它的背像泰山，翅膀像天边的云，飞起来，乘风直上九万里的高空，超绝云气，背负青天，飞往南海。

蝉和斑鸠讥笑说："我们愿意飞的时候就飞，碰到松树、檀树就停在上边；有时力气不够，飞不到树上，就落在地上，何必要高飞九万里，又何必飞到那遥远的南海呢？"

那些心中有着远大理想的人常常不能为常人所理解，就像目

光短浅的麻雀无法理解大鹏鸟的志向，更无法想象大鹏鸟靠什么飞往遥远的南海。因而，像大鹏鸟这样的人必定要比常人忍受更多的艰难曲折，忍受心灵上的寂寞与孤独。因而，他们必须要坚强，把这种坚强潜移到远大志向中去，这就铸成了坚强的信念。这些信念熔铸而成的理想将带给大鹏一颗伟大的心，而成功者正脱胎于这些伟大的心。

本·侯根是世界上最伟大的高尔夫选手之一。他并没有其他选手那么好的体能，能力上也有一点缺陷，但他在坚毅、决心，特别是追求成功的强烈愿望方面高人一筹。

本·侯根在玩高尔夫球的巅峰时期，不幸遭遇了一场灾难。在一个有雾的早晨，他跟太太维拉丽开车行驶在公路上，当他在

你的坚持，终究成就美好

一个拐弯处掉头时，突然看到一辆巴士的车灯。本·侯根想这下可惨了，他本能地把身体挡在太太面前保护她。这个举动反而救了他，因为方向盘深深地嵌入了驾驶座。事后他昏迷不醒，过了好几天才脱离险境。医生们认为他的高尔夫生涯从此结束了，甚至断定他若能站起来走路就很幸运了。

但是他们并未将本·侯根的意志与需要考虑进去。他刚能站起来走几步，就渴望恢复健康再上球场。他不停地练习，并增强臂力。起初他还站得不稳，再次回到球场时，也只能在高尔夫球场蹒跚而行。

后来他稍微能工作、走路，就走到高尔夫球场练习。开始只打几球，但是他每次去都比上一次多打几球。最后，当他重新参加比赛时，名次上升得很快。

理由很简单，他有必赢的强烈愿望，他知道他会回到高手之列。是的，普通人跟成功者的差别就在于有无这种强烈的成功愿望。

成功学大师卡耐基曾说："欲望是开拓命运的力量，有了强烈的欲望，就容易成功。"因为成功是努力的结果，而努力又大都产生于强烈的欲望。正因为这样，强烈的创富欲望，便成了成功创富最基本的条件。如果你不想再过贫穷的日子，就要有创富的欲望，并让这种欲望时时刻刻激励你，让你向着这一目标坚持不懈地前进。许多成功者有一个共同的体会，那就是创富的欲望是创造和拥有财富的源泉。

20世纪人类的一项重大发现，就是认识到思想能够控制行动。你怎样思考，你就会怎样去行动。你要是强烈渴望致富，你就会调动自己的一切能量去创富，使自己的一切行动、情感、个性、才能与创富的欲望相吻合。

对于一些与创富的欲望相冲突的东西，你会竭尽全力去克服；对于有助于创富的东西，你会竭尽全力去扶植。这样，经过长期努力，你便会成为一个富有者，使创富的欲望变成现实。相反，你要是创富的欲望不强烈，一遇到挫折，便会偃旗息鼓，将创富的欲望压下去。

保持一颗渴望成功的心，你就能获得成功。

可以平凡，不能平庸

平凡与平庸是两种截然不同的生活状态：前者如一颗使用中的螺丝钉，虽不起眼，却真真切切地发挥了作用，实现了价值；后者就像废弃的钉子，身处机器运转之外，无心也无力参与机器的运作。

平凡者纵使渺小却挖掘了自己生命的全部能量，平庸者却甘居无人发现的角落不肯露头。虽无惊天伟绩但物尽其用、人尽其能，这叫平凡；有能力发挥却自掩才华，自甘埋没，这叫平庸。

世间生命多种多样，有天上飞的，有水中游的，有陆上爬的，有山中走的；所有生命，都在时间与空间之流中消逝。生命，总以其多彩多姿的形态展现着各自的意义和价值。

"生命的价值，是以一己之生命，带动无限生命的奋起、活跃"，智慧禅光在众生头顶照耀，生命在闪光中现出灿烂，在平凡中现出真实。所以，所有的生命都应该得到祝福。

　　"若生命是一朵花就应自然开放，散发一缕芬芳于人间；若生命是一棵草就应自然生长，不因是一棵草而自卑自叹；若生命好比一只蝶，何不翩翩飞舞？"梁晓声笔下的生命皆有一份怡然自得、超然洒脱。芸芸众生，既不是翻江倒海的蛟龙，也不是称霸林中的雄狮，我们在苦海里颠簸，在丛林中避险，平凡得像是海中的一滴水、林中的一片叶。海滩上，这一粒沙与那一粒沙的区别你可能看出？旷野里，这一抔黄土和那一抔黄土的差异你是否能道明？

　　每个生命都很平凡，但每个生命都不卑微，所以，真正的智者不会让自己的生命陨落在无休无止的自怨自艾中，也不会甘于身心的平庸。

　　你可见过在悬崖峭壁上卓然屹立的松树？

　　它深深地扎根于岩缝之中，努力舒展着自己的躯干，任凭阳光暴晒，风吹雨打，在残酷的环境中始终保持着昂扬的斗志和积极的姿态。或许，它很平凡，只是一棵树而已，但是它并不平庸，它努力地保持着自己生命的傲然挺立。

　　有人说："平凡的人虽然不一定能成就一番惊天动地的大事业，但对他自己而言，能在生命过程中把自己点燃，即使自己是根小火柴，能发出微微星火也就足够了；平庸的人也许是一大捆火药，但他没有找到自己的引线，在忙忙碌碌中消沉下去，变成了一堆废料。"

也许你只是一朵残缺的花，只是一片熬过旱季的叶子，或是一张简单的纸、一块无奇的布，也许你只是时间长河中一个匆匆而逝的过客，不会吸引人们半点的目光和惊叹，但只要你拥有自己的信仰，并将自己的长处发挥到极致，就会成为成功驾驭生活的勇士。

只有输得起的人，才不怕失败

每个人都希望无论何时都站在适合自己的位置，说着该说的话，做着该做的事。但不经过挫折磨炼的人是不可能达到这种境界的，人总要从自己的经历中汲取经验的。所以，做人要输得起。

输不起，是人生最大的失败。

人生犹如战场。我们都知道，战场上的胜利不在于一城一池的得失，而在于谁是最后的胜利者，人生也是如此，成功的人不应只着眼于一两次成败，而是应该不断地朝着成功的目标迈进。当然，一两次的失败确实可能使你血本无归，甚至负债累累。

最要紧的是不应该泄气，而是应该从中吸取教训，用美国股票大亨贺希哈的话讲："不要问我能赢多少，而要问我能输得起多少。"只有输得起的人，才能不怕失败。

当然，我们不一定非要真正经历一次重大的失败，只要我们做好了认识失败的准备，"体验失败"一样能够带来刻骨铭心的教训。

贺希哈 17 岁的时候，开始自己创造事业，他第一次赚大钱，也是第一次得到教训。那时候，他一共只有 255 美元。在股票的场外市场做一名投资客，不到一年，他便第一次赚了钱——16 万 8 千美元。他替自己买了第一套像样的衣服，又在长岛买了一幢房子。

随着第一次世界大战的结束，贺希哈以随着和平而来的大减价，顽固地买下隆雷卡瓦那钢铁公司。结果呢？他说："他们把我剥光了，只留下 4000 美元给我。"贺希哈最喜欢说这种话："我犯了很多错，一个人如果说不会犯错，他就是在说谎。但是，我如果不犯错，也就没有办法学乖。"这一次，他得到了教训，"除非你了解内情，否则，绝对不要买大减价的东西。"

1942 年，他放弃证券的场外交易，去做未列入证券交易所买卖的股票生意。起先，他和别人合资经营，一年之后，他开设了自己的贺希哈证券公司。到了 1928 年，贺希哈做了股票投资客的经纪人，每个月可赚到 25 万美元的利润。

但是，比他这种赚钱的本事更值得称道的，是他能够悬崖勒马，遇到不对劲的情况，能悄悄回顾从前的教训。在 1929 年灿烂的春天，正当他想付 50 万美元在纽约的证券交易所买股票，

不知道是什么把他从悬崖边缘拉了回来。贺希哈回忆这件事情说:"当你知道医生和牙医都停止看病而去做股票投机生意的时候,一切都完了。我能看得出来。大户买进公共事业的股票,又把它们抬高。我害怕了,我在八月全部抛出。"他脱手以后,净得40万美元。

1936年是贺希哈最冒险,也是最赚钱的一年。安大略北方,早在人们淘金发财的那个年代,就成立了一家普莱史顿金矿开采公司。这家公司在一次大火灾中焚毁了全部设备,造成了资金短缺,股票跌到每股不值5分钱。有一个叫陶格拉斯的地质学家,知道贺希哈是个思维敏捷的人,就把这件事告诉了他。贺希哈听了以后,拿出25000美元做试采计划。不到几个月,黄金掘到了,离原来的矿坑仅7.62米。

普莱史顿股票开始往上爬的时候,海湾街上的大户以为这种股票一定会跌下来,所以纷纷抛出。贺希哈却不断买进,等到他买进普莱史顿大部分股票的时候,这种股票的价格已超过了两马克。

这座金矿每年毛利达250万美元。贺希哈在他的股票继续上升的时候,把普莱史顿的股票大量卖出,自己留了50万股,这

你的坚持,终究成就美好

50万股等于他一个钱都没花，白捡来的。

这位手摸到什么什么便会变成黄金的人，也有他的麻烦。1945年，贺希哈的菲律宾金矿赔了300万，这也使他尝到了另一个教训："你到别的国家去闯事业，一定要把一切情况弄清楚。"

20世纪40年代后期，他对铀产生了兴趣，结果证明了这比他从前的任何一种事业都吸引他。他研究加拿大寒武纪以前的岩石情况，铀裂变痕迹，也懂得测量放射作用的盖氏计算器。1949年至1954年，他在加拿大巴斯卡湖地区，买下了1200多平方千米蕴藏铀的土地，成立了第一家私人资金开采铀矿的公司。不久，他聘请朱宾负责他的矿务技术顾问公司。

这是一个许多人探测过的地区。勘探矿藏的人和地质学家都到这块充满"猎物"的土地上开采过。大家都注意着盖氏计算器的结果，他们认为只有很少的铀。

朱宾对于这种理论都同意。但是，他注意到了一些看起来无关紧要的"细节"。有一天，他把一块旧的艾戈码矿苗加以试验，看看有没有铀元素，结果，发现稀少得几乎没有。这样，他知道自己已经找到了原因。原来就是因为土地表面的雨水、雪和硫矿把这盆地中放射出来的东西不是掩盖住就是冲洗殆尽了。而且，盖氏计算器也曾测量出，这块地底下确实藏有大量的铀。他向十几家矿业公司游说，劝他们做一次钻探。但是，大家都认为这是徒劳的。朱宾就去找贺希哈。

1953年3月6日开始钻探，贺希哈投资了3万美元。结果，在5月间一个星期六的早晨，得到报告说，56块矿样品里，有50块含有铀。

一个人怎样才会成功，这是很难分析的。但是，在贺希哈身上，我们可以分析出一点因素，那就是他自己定的一个简单公式：输得起才赢得起，输得起才是真英雄！

屡战屡败的死敌是屡败屡战

塞洛斯·W.菲尔德从商界引退的时候，已经积累了大量的财富。而这时他却对在大西洋中铺设海底电缆这一构想产生了极大的兴趣，这样一来欧洲和美洲就能建立电报联系。菲尔德倾其所有来完成这一事业。前期的准备工作包括建造一条从纽约到纽芬兰圣约翰的电话线路，全长1600多千米。这其中有600多千米需要穿过一片原始森林，为此他们不得不在铺设电话线的同时修建一条穿越纽芬兰的道路。这条线路中还有220多千米要通过法国的布列塔尼，建设者们在那儿也投入了大量的人力。与此情况相同的还有铺设通过圣劳伦斯的电缆。

通过艰苦的努力，菲尔德得到了英国政府对他的公司的援助。但是在国会，他曾经遭到了一个很有影响力的团体的强烈反对，在参议院表决时，菲尔德的方案仅以一票的优势获得通过。英国海军派出了驻塞瓦斯托波尔舰队的旗舰"阿伽门农号"来铺设电缆，而美国则由新建的护卫舰"尼亚加拉号"来承担这一工作。但是由于一次意外，已铺设了8千米长的电缆卡在了机器里，被折断了。在第二次实验中，船只驶出320千米时，电流突然消失了，人们在甲板上焦急沮丧地来回走动，似乎死期就要来临。正当菲尔德要下令切断电缆的时候，电流就像它消失时那样，突然又神奇地恢复了。接下来的一个晚上，电缆以每小时9千米的速度延伸，但由于停船过于突然，船只猛烈地倾斜了一下，电缆又被卡断了。

菲尔德不是一个轻言放弃的人。他重新购买了1126千米长的电缆，委托一位精通此行的专家设计一套更好的铺设电缆的机器设备。美国和英国的发明家齐心协力地工作，最后决定从大西洋中央开始铺设两段电缆。于是两艘船开始分头工作，一艘驶往爱尔兰，另一艘驶往纽芬兰，两艘船各自承担一头的铺设工作。大家希望这样能够把两个大陆连接起来。就在两艘船相距5千米时，电缆断了。人们重新连上了电缆，但是当两艘船相距130千米时，电流又消失了。电缆再次连上了，大约又铺设了320千米之后，在距"阿伽门农号"6千米处，不幸电缆又断了，"阿伽门农号"随即返回了爱尔兰海岸。

项目负责人都感到非常沮丧，公众开始怀疑，投资商开始退却。如果不是菲尔德不屈不挠、夜以继日、废寝忘食地工作，说服众人，整个工程项目早就被放弃了。终于开始了第三次尝试，这一次成功了，整条电缆线顺利地铺设完成。几个信号在大西洋上传送了将近1126千米之后，突然电流中断了。

　　大家都失去了信心，只有菲尔德和他的一两个朋友仍然对此抱有希望。他们继续坚持工作，并且说服了人们继续投资进行试

你的坚持，终究成就美好

验。一条崭新的更为高级的电缆由"大东部号"负责铺设。"大东部号"慢慢地驶向大西洋，一边前进一边铺设。一切都进行得很顺利，直到距离纽芬兰970千米处，电缆突然折断沉入海底。几次捞起电缆的尝试都失败了，这一项目也因此停顿了将近一年。但是菲尔德并没有被这些困难吓倒，他继续为自己的目标努力。他组建了新公司，并制造了一条当时最为先进的电缆。1866年7月13日，试验开始了，这一次他们成功地向纽约传送了信息，全文如下：

无比满足，7月27日。

我们于早上9点到达，一切顺利。感谢上帝！电缆铺设成功，运行良好。

塞洛斯·W.菲尔德

那条旧的电缆也找到了，被重新连接起来，通往纽芬兰。这两条线路现在仍在使用，而且将来也会有用。

第四章

再牛的梦想，
也抵不住傻瓜似的坚持

将来的你，一定会感谢现在努力的自己

我们之所以没有成功，很多时候是因为在通往成功的路上，我们没能耐住寂寞，没有专注于脚下的路。

张艺谋的成功在很大程度上来源于他对电影艺术的诚挚热爱和忘我投入。正如传记作家王斌所说的那样："超常的智慧和敏捷固然是张艺谋成功的主要因素，但惊人的勤奋和刻苦也是他成功的重要条件。"

拍《红高粱》的时候，为了表现剧情的氛围，他亲自带人去种出一块 100 多亩的高粱地；为了"颠轿"一场戏中轿夫们颠着轿子踏得山道尘土飞扬的镜头，张艺谋硬是让大卡车拉来十几车黄土，用筛子筛细了，撒在路上；在拍

你的坚持，终究成就美好

《菊豆》中杨金山溺死在大染池一场戏时，为了给摄影机找一个最好的角度，更是为了照顾老演员的身体，张艺谋自告奋勇地跳进染池充当"替身"，一次不行再来一次，直到摄影师满意为止。

我们如果还在抱怨自己的命运，还在羡慕他人的成功，就需要好好反省自身了。很多时候，你可能就输在对事业的态度上。

1986年，摄影师出身的张艺谋被吴天明点将出任《老井》一片的男主角。没有任何表演经验的张艺谋接到任务，二话没说就搬到农村去了。

他剃光了头，穿上大腰裤，露出了光脊背。在太行山一个偏僻、贫穷的山村里，他与当地乡亲同吃同住，每天一起上山干活儿，一起下沟担水。为了使皮肤粗糙、黝黑，他每天中午光着膀子在烈日下曝晒；为了使双手变得粗糙，每次摄制组开会，他不坐板凳，而是学着农民的样子蹲在地上，用沙土搓揉手背；为了电影中的两个短镜头，他打猪食槽子连打了两个月；为了影片中那不足一分钟的背石镜头，张艺谋实实在在地背了两个月的石板，一天三块，每块75千克。

在拍摄过程中，张艺谋为了达到逼真的视觉效果，真跌真打，主动受罪。在拍"舍身护井"时，他真跳，摔得浑身酸疼；在拍"村落械斗"时，他真打，打得鼻青脸肿。更有甚者，在拍旺泉和巧英在井下那场戏时，为了找到垂死前那种奄奄一息的感觉，他硬是三天半滴水未沾、粒米未进，连滚带爬地拍完了全部镜头。

在通往成功的道路上，如果你能耐得住寂寞，专注于脚下的路，目的地就在你的前方，只要努力，你一定会走到终点；如果你专注于困难，始终想不到目的地就在离你不远的前方，你永远都走不到终点！

可能在人生旅途中我们会有理想也会有很多目标，但我们从来都不知道会遇到什么困难，所以你努力地朝着终点前进，你在过程中变得更自信更坚强，最终也走到了目的地。但如果你已经预测到了，我们的旅途是何等的艰辛，它困难重重，我们千方百计去设想、规划每个可能碰到的困难，结果我们在攻克中迷失了方向，在想的过程中目的地已经离我们太远了。

心失衡，世界就会倾斜

不是我们所拥有的太少，而往往是我们欲望太多，一旦陷入欲望的深渊，再强的抵抗能力都会被瓦解。

水中垂着一块钓饵，装的是一块新鲜的虾肉。

一条鲫鱼游过来了。它看了一眼钓饵：真不错，是块美味的东西。可是警惕的鲫鱼是不会轻易上当的，它记得有不少同伴，就是因为贪吃钓饵而断送了性命。因此，它小心翼翼地向这块食物看了又看。

"这准是钓饵，不能吃。"鲫鱼赶紧游开了。

鲫鱼找了半天也找不到其他吃的，过了一会儿，又游回到这个钓饵旁边。

饥饿使它不得不对这块诱人的食物又进行了一番研究和观察。

"不行，绝不能上当！这块东西一定是钓饵。"鲫鱼警告自己，随即又游开了。

鲫鱼游了没多远，心里老记挂着那块鲜美的东西。不一会儿，又游回来了。

它再一次仔细地观察和分析着这块令人垂涎的美味。

"哦，看来似乎没有什么危险吧，让我试它一试。"鲫鱼便用

尾巴打了一下钓饵。

钓饵在水中荡了几下，又垂挂在那儿纹丝不动。

"看来没什么问题。"鲫鱼想，"难道就白白放弃这样一块美味可口的东西？那不是太可惜了吗？"

鲫鱼犹豫不决，考虑再三。

"哎哟！肚子这样饿，眼看着这鲜美的食物不吃，可真难受啊！"鲫鱼在钓饵旁边转来转去。"上帝保佑吧！让我冒一次险，仅仅这一次。说不定是我自己过于谨慎了，其实一点危险也没有呢！"

这时候，鲫鱼看见远处有一条鲤鱼向它这儿游过来。

"快，再要迟疑，这美味的东西将是别人腹中之物了！"

说着，鲫鱼扑上去，张开大嘴把那块食物吞了下去。

"哎哟！我的妈……"

钓竿一提，鲫鱼上钩了。

不能抵抗人性弱点的诱导，让精神软化，势必不能主宰自我。鲫鱼终于没有抵抗住美味的诱惑，成为垂钓者的猎物。鲫鱼原本是小心谨慎的，只是因为欲望太盛，才沦为欲望的奴隶。

人常常也是如此，人的私心与贪欲常常使自己重重地跌倒在"欲望"的旋涡里。

事实上，不是我们所拥有的太少，而是我们欲望太多。欲望使我们感到不满足、不快乐；欲望解除了我们的思想武装，使我们最终任人摆布。

鱼有水才能自在地优游嬉戏，但是它们忘记自己置身于水；鸟借风力才能自由翱翔，但是它们却不知道自己置身风中。人如果能看清此中道理，就可以超然置身于物欲的诱惑之外，获得人生的乐趣。

不可否认，在诱惑面前，你若能够沉下心来，坦然面对，不忘乎所以，那么你就不会为身外之物所苦、为身外之物所累，在正确的道路上一往无前。

自控力越强，离成功越近

传说中，西西里岛附近海域有一座塞壬岛，长着鹰的翅膀的塞壬女妖日日夜夜唱着动人的魔歌引诱过往的船只。在古希腊神话中，特洛伊战争的英雄奥得修斯曾路过塞壬女妖居住的海岛。之前早就听说过女妖善于用美妙的歌声勾人魂魄，而登陆的人总是要死亡。奥得修斯嘱咐同伴们用蜡封住耳朵，免得他们为女妖的歌声所诱惑，而他自己却没有塞住耳朵，他想听听女妖的声音到底有多美。为了防止意外发生，他让同伴们把自己绑在桅杆上，并告诉他们千万不要在中途给他松绑，而且他越是央求，他们越要把他绑得更紧。

果然，船行到中途时，奥得修斯看到几个衣着华丽的美女翩翩而来，她们声音如莺歌燕啼，婉转跌宕，动人心弦。听着这美妙的歌声，奥得修斯心中顿时燃起熊熊烈火，他急于奔向她们，大声喊着让同伴们放他下来。但同伴们根本听不见他在说什么，仍然在奋力向前划船。有一位叫欧律罗科斯的同伴看到了他的挣扎，知道他此刻正在遭受诱惑的煎熬，于是走上前，把他绑得更紧。就这样，他们终于顺利通过了女妖居住的海岛。

这是一个广为人知的故事，不过它正在越来越多地被运用到情商（EQ）教育上作为培养自制能力的范例。似乎有越来越多的例子证明，能够耐得住寂寞的人比较容易成功。

哈佛大学心理学家丹尼尔·戈尔曼的《情商》一书，把情绪智力（也称情商）定义为："能认识自己和他人的感觉，自我激

你的坚持，终究成就美好

励，以及很好地控制自己在人际交往中的情绪的能力。"情商分为五种情绪能力和社会能力：自知、移情、自律、自强和社交技巧。自知，意味着知道自己当前的感受。因为我们整天都忙忙碌碌，所以就无暇顾及反省和自知。一个人的自我形象与其在他人眼中的形象越一致，他的人际关系就越成功。情商的第二个组成部分（移情），能培养我们的同情心和无私精神，并能带来合作。情商的第三部分是控制自己情绪的能力。情商高的人能更好地从人生的挫折和低潮中恢复过来。第四部分是自强。自强的人能够很好地控制情绪，不靠冲击或刺激就能采取行动。最后，社交技巧指的是通过与他人友好地交流来掌握人际关系的能力。一个高智商的人，完全可以与一个低智商但有着高水平交往技巧的人很好地合作。

戈尔曼和研究人员针对 4 岁小孩子成长过程中对诱惑的控制来说明抵制诱惑、强烈自制的重要性，以及和个人成功的关系。调查表明，那些在 4 岁时能以坚忍换得第二颗软糖的孩子常成为适应性较强、冒险精神较强、比较受人喜欢、比较自信、比较独立的少年；而那些在早年经不起软糖诱惑的孩子则更可能成为孤僻、易受挫、固执的少年，他们往往屈从于压力并逃避挑战。对这些孩子分两级进行学术能力倾向测试的结果表明，那些在软糖实验中坚持时间较长的孩子的平均得分高达 210 分。研究还发现，那些能够为获得更多的软糖而等待得更久的孩子要比那些缺乏耐心的孩子更容易获得成功，他们的学习成绩要相对好一些。

在后来的几十年的跟踪观察中发现，有耐心的孩子在事业上的表现也较为出色。

在一粒芝麻与一个西瓜之间，你一定明白什么是明智的选择。如果某种诱惑能满足你当前的需要，但却会妨碍达到更大的成功或长久的幸福，那就请你屏神静气，站稳立场，耐住寂寞。一个人是这样，一个企业、一个社会也是这样。

辉煌的背后，总有一颗努力拼搏的心

2009 年的春节联欢晚会上，和小品大师赵本山一起合作表演小品《不差钱》的演员"小沈阳"沈鹤，一夜之间红遍中国。他的那几句台词也成为很多人喜欢的对白："人这一生其实可短暂了，有时候一想跟睡觉是一样儿一样儿的。眼睛一闭，一睁，一天过去了，眼睛一闭，不睁，这一辈子就过去了。""人不能把钱看得太重，钱乃身外之物。人生最痛苦的事情你知道是什么吗？人死了，钱没花了。"

沈鹤靠着春晚蹿红，一时之间全国各大媒体上都能看见小沈阳的影子，不论是赞扬的还是质疑的，但无可厚非的一个事实就是他的表演已经为大部分的电视观众所接受。这么快的蹿红对于一个艺人来说是求之不得的事情，但是在光鲜的外表背后，小沈阳也有着心酸的回忆。

小沈阳家境贫寒，他很早就辍学了。为了将来有口饭吃，他曾经学过武术，但发现不适合自己，最终他选择了二人转，报考了铁岭县剧团。学成之后，他又去了长春小剧场进行表演，这一演就是七年。七年之后，赵本山接纳了他，收他为徒，从此他跟着赵本山认真学艺，直到2009年被更多的人认识。

早在2008年的时候，小沈阳其实已经"进军"春晚，但是几个回合下来，他的节目被刷下来了。而他的节目打算上央视的元宵晚会，但是又临时被取消了，当时的小沈阳这样对自己说："连大艺术家都有被刷下去的可能，更何况我呢？"他依旧努力跟师傅赵本山学习二人转，学习表演。直到2009年，他终于踏入春晚的大门。

如今的小沈阳是令人羡慕的，就像有人说的那样，很多人关心的只是我们跑得快不快，而很少有人关心我们跑得累不累。在这一行，如果不出名，那么，便只是一个默默在后面跑台的小角色，不会有人注意你。所以，在每一个出人头地者的背后，不知道隐藏了多少委屈和艰辛的泪水。

香港喜剧大王周星驰也是一样，在成名之前，他自己一个人默默地奋斗着，对于自己追逐的梦想从没想过要放弃。在他的好友梁朝伟已经春风得意的时候，他却依旧在《射雕英雄传》里饰演一个刚出场就被打死的士兵。他甚至问导演："在死之前伸出手去挡一下可以吗？"

他在演艺这条道路上默默地前行、摸索。今天的周星驰已不可同日而语，他算得上香港电影史上的里程碑，他开创了周氏幽默。凡是讲到香港电影史，一定不能落下周星驰的电影，它是一个时代的标志，是香港喜剧的集大成者。

那些仍然在黑暗中努力拼搏的人们，千万不要丧失了信心，失去前进的动力。任何成功都充满着艰辛，或许，再坚持一会儿，你就会看到前面灿烂的阳光；或许再坚持一会儿，人生就会改变。

许多人做事时非常努力，却坚持不到最后。其实，若心中有梦，总会有实现的那一天，哪怕现在我们仍在黑暗中摸爬滚打，哪怕别人认为我们现在是如何的不起眼，没有关系，只要自己相信自己，付出努力，坚持向着梦想的方向努力，就会让我们心中的幼芽开花，结果。

请一条路走到底

幸运、成功永远只能属于辛劳的人，有恒心不易变动的人，能坚持到底、绝不轻言放弃的人。耐性与恒心是实现目标过程中不可缺少的条件，是发挥潜能的必要因素。耐性、恒心与追求结合之后，形成了百折不挠的巨大力量。

一位青年问著名的小提琴家格拉迪尼："你用了多长时间学琴？"格拉迪尼回答："20 年，每天 12 小时。"

我们在这个大千世界或许微不足道，不为人知，但是我们能够耐心地增长自己的学识和能力，当我们成熟的那一刻、一展所能的那一刻，将会有惊人的成就。正如布尔沃所说的："恒心与忍耐力是征服者的灵魂，它是人类反抗命运、个人反抗世界、灵魂反抗物质的最有力支持。从社会的角度看，考虑到它对社会制度的影响，其重要性无论怎样强调也不为过。"

凡事没有耐性，耐不住寂寞，不能持之以恒，正是很多人最后失败的原因。英国诗人布朗宁写道：

> 实事求是的人要找一件小事做，
> 找到事情就去做。
> 空腹高心的人要找一件大事做，
> 没有找到则身已故。
> 实事求是的人做了一件又一件，
> 不久就做一百件。
> 空腹高心的人一下要做百万件，
> 结果一件也未实现。

拥有耐力和恒心，虽然不一定能使我们事事成功，但绝不会令我们事事失败。古巴比伦富翁拥有恒久的财富秘诀之一，便是保持足够的耐心，坚定意志，所以他才有能力建设自己的家园。任何成就都来源于持久不懈的努力，要把人生看作一场持久的马拉松。整个过程虽然很漫长、很劳累，但在挥洒汗水的时

候，我们已经慢慢接近了成功的终点。半路放弃，我们就必须要找到新的起点，那样我们只会更加迷失，可是如果能坚持原路行进，终点不会弃我们而去。也许，我们每个人的心里都有一个执着的愿望，只是一不小心把它丢失在了时间的蹉跎里，让天下间最容易的事变成了最困难的事。然而，天下难事不过十分之一，能做成的有十分之九。想成就大事大业的人，尤其要有恒心来成就它，要以坚忍不拔的毅力、百折不挠的精神、排除纷繁复杂的耐性、坚贞不变的气质，作为涵养恒心的要素，去实现人生的目标。

只有坚信成功，才有机会成功

1883 年，富有创造精神的工程师约翰·罗布林雄心勃勃地意欲着手建造一座横跨曼哈顿和布鲁克林的桥。然而桥梁专家却说这计划纯属天方夜谭，不如趁早放弃。罗布林的儿子华盛顿，是一个很有前途的工程师，也确信这座大桥可以建成。父子俩克服了种种困难，在构思着建桥方案的同时也说服了银行家们投资该项目。

然而桥开工不过几个月，施工现场就发生了灾难性的事故。罗布林在事故中不幸身亡，华盛顿的大脑也严重受伤。许多人都以为这项工程因此会泡汤，因为只有罗布林父子才知道如何把大桥建成。

尽管华盛顿丧失了活动和说话的能力，但他的思维还同以往一样敏锐，他决心坚持要把父子俩费了很多心血的大桥建成。一天，他脑中忽然一闪，想出一种用他唯一能动的一个手指和别人交流的方式。他用那只手敲击他妻子的手臂，通过这种密码方式由妻子把他的设计意图转达给仍在建桥的工程师们。整整13年，华盛顿就这样坚持着用一根手指指挥工程，直到雄伟壮观的布鲁克林大桥最终落成。

无独有偶，博迪是法国的一名记者，在1995年的时候，他突然心脏病发作，导致四肢瘫痪，而且丧失了说话的能力。被病魔袭击后的博迪躺在医院的病床上，头脑清醒，但是全身的器官中，只有左眼还可以活动。可是，他并没有被病魔打倒，虽然口不能言，手不能写，他还是决心要把自己在病倒前就开始构思的作品完成并出版。出版商便派了一个叫门迪宝的笔录员来做他的

助手，每天工作 6 小时，给他的著述做笔录。

博迪只会眨眼，所以就只有通过眨左眼与门迪宝来沟通，逐个字母向门迪宝背出他的腹稿，然后由门迪宝抄录出来。门迪宝每一次都要按顺序把法语的常用字母读出来，让博迪来选择，如果博迪眨一次眼，就说明字母是正确的。如果眨两次，则表示字母不对。

由于博迪是靠记忆来判断词语的，因此有时可能出现错误，有时他又要滤去记忆中多余的词语。开始时他和门迪宝并不习惯这样的沟通方式，所以中间也产生不少障碍和问题。刚开始合作时，他们两个每天用 6 个小时默录词语，每天只能录一页，后来慢慢加到 3 页。

几个月之后，他们经历艰辛终于完成这部著作。据粗略估计，为了写这本书，博迪共眨了左眼 20 多万次。这本不平凡的书有 150 页，已经出版，它的名字叫《潜水衣与蝴蝶》。

很多时候，我们看似缺少成功的条件，在困难面前停滞不前，似乎看不到未来。其实缺少成功的条件不要紧，因为条件是可以创造的。如果我们主动去创造条件，成功就指日可待。

如果你缺少成功的条件，请记住：逆境不是你不成功的理由。

第五章

你一直在等，
所以一事无成

说一千句不如行动一次

人生要想成功，就要一点一滴地奠定基础。先给自己设定一个切实可行的目标，达到之后，再迈向更高的目标。

那就别再瞻前顾后地等待了，现在就动手，马上行动吧！

有个农夫新购置了一块农田。可他发现在农田的中央有一块大石头。

"为什么不把它搬走呢？"农夫问卖主。

"哦，它太大了。"卖主为难地回答说。

农夫二话没说，立即找来一根铁棍，撬开石头的一端，意外地发现这块石头的厚度还不及一尺，农夫只花了一点点时间，就将石头搬离了农田。

也许，在一开始的时候，你会觉得坚持"马上行动"这种态度很不容易，但最终你会发现这种态度会成为你个人价值的一部分。而当你体验到他人的肯定给你的工作和生活所带来的帮助时，你就会坚持这种态度。

人都会走入误区，一提到成功就想到开工厂、做生意。这一想法如不突破，就抓不住许多在他人看来不可能的新机遇。

　　真正想一想，成功与失败、富有与贫穷只是因为当初的一念之差。很多有钱人当初带几千元杀进股市，几年后便成了百万富翁，当初只花几百元去摆地摊，10年后就变成了大老板。可是有人说，如果我当初做会比他们赚得更多。不错，你的能力比他强，你的资金比他们多，你的经验或许比他们足。可是这就是当初一念之差，你的观念决定了你当初不去做，不同的观念导致了不同的人生。

　　有人面对一个来之不易的好机会却总是拿不定主意，于是去问其他人，问了10个人有9个人说不能做，于是放弃了。

　　其实你不知道机遇来源于新生事物，而新生事物之所以新就是因为90%的人还不知道、不了解，等90%的人知道了就不再是新生事物。就拿这个好机会来说，你问 10 个人，很可能 10 个人都摇头，但再过一段时间，这 10 个人点头时，这个市场就已经开始饱和了！多数人不了解时叫"机会"，多数人都认可时叫"行业"。

第一批下海经商的人——富了，第一批买原始股的人——富了，第一批买地皮的人——富了。他们富了，因为他们敢于在大多数人还在犹豫不决的时候就做出实际行动，先行一步，抢得商机，占领了市场。今天，同样是新生事物，在很多人还不了解的时候，你开始行动，便抢得了商机，占领了市场的制高点。不要再等下去了，要想改变现状，就马上行动，你就会获得成功。

改变很难，不改变会一直很难

人的生命历程就像海浪一样，总是在高低起伏中前进。在前进的途中，有时我们会碰到一道又一道难以翻越的坎。这些坎就是我们人生的瓶颈，卡在这个瓶颈中，我们会有种既上不去又下不来的感觉。

如果卡在那里的时间过长，恐怕我们的斗志将会被慢慢磨灭，甚至最后自我放弃。所以，我们要不断超越自己，突破我们人生的瓶颈。

20 世纪 80 年代，百事可乐公司异军突起，使可口可乐公司遭到了强有力的挑战。为了扭转不利的竞争局面，塞吉诺·扎曼临危受命——经营可口可乐公司。

你的坚持，终究成就美好

扎曼采取的策略是更换可口可乐的旧模式，标之以"新可口可乐"，并对其进行大肆宣传。但在新的营销策略中，扎曼犯了一个严重错误，他将老可口可乐的酸味变成甜味，没有考虑到顾客口味的不可变性，这就违背了顾客长久以来形成的习惯。结果，新可口可乐全线溃败，成为继美国著名的艾德塞汽车失利以来最具灾难性的新产品，以致79天后，"老可口可乐"就不得不重返柜台支撑局面——改名为"古典可乐"。

扎曼策略性的失败对他在公司的地位造成了巨大的负面影响，不久，他就在四面的攻击声中黯然离职。在扎曼离开可口可乐公司后的14个月中，他非常愧疚，没有同公司中的任何人交谈过。

对于那段不愉快的日子，他回忆道："那时候我真是孤独啊！"但是扎曼没有丧失希望，放弃自我。

世上没有永远的失败，失败只不过是成功人生的其中一个步骤而已，经历人生的瓶颈只是一时的，人生如果没有经历过挫折，那就不会享受到真正的成功，成功其实就是一连串失败的结果。对于扎曼来说就是这样。

在扎曼经过了一年多的瓶颈期后，他和另一个合伙人开办了一家咨询公司。他就用一台电脑、一部电话和一部传真机，在亚特兰大一间被他戏称为"扎曼市场"的地下室里，为微软公司和酿酒机械集团这样的著名公司提供咨询。后来，扎曼为以微软公司、米勒·布鲁因公司为代表的一大批客户成功地策划了一个又一个发展战略。

最后，扎曼在咨询领域成绩斐然，此时可口可乐也来向他咨询，并请他回来整顿公司工作，可口可乐公司总裁罗伯特也承认："我们因为不能容忍扎曼犯下的错误而丧失了竞争力，其实，一个人只要运动就难免有摔跟头的时候。"

是啊，人生难免摔跟头，一时的失意并不可怕，只要不失去希望、失去志向，就能突破人生的瓶颈，赢得属于自己的一片天空。历史上许多伟人，许多成功者，都有过失意的时候，而他们都能够做到失意而不失志，都能做到胜不骄，败不馁。

蒲松龄一生梦想为官，可最终也没能如意，但他是幸运的，因为他能及时反省，能及时调转人生的航向，找到他人生的另一片天空，这才有《聊斋志异》的流芳百世，他的大名也永载史册。

司马迁因李陵一案而官场失意，可他没有被打垮，不屈不挠的精神反而成就了他"史家之绝唱，无韵之《离骚》"的传世经典之作。

美国伟大的总统林肯一生经历了无数失败和困苦，但他最终还是得到了成功女神的垂青，成为美国历史上与华盛顿齐名的伟人。试想：如果他不能坚持到最后，每一次失败都将有可能把他的未来之路堵死。

成功学家拿破仑·希尔认为："不管如何失败，都只不过是不断茁壮发展过程中的一幕。"

你的坚持，终究成就美好

一位哲人也说过："成功是由若干步骤组成的，人生低谷只是其中的某个步骤而已，如果在那里停止了前进的脚步，那将是非常愚蠢的。"

所以，面对人生的瓶颈，我们要坚定自己的志向，永远怀着希望与信念，以毫不妥协的精神突破这些瓶颈，走出人生的低谷。

每一个幸运的现在，都有一个努力的曾经

荀子说过："不积跬步，无以至千里；不积小流，无以成江海。骐骥一跃，不能十步；驽马十驾，功在不舍。锲而舍之，朽木不折；锲而不舍，金石可镂。"每天都努力，人生几十年坚持天天如此，量变必然引起质变，所积累的力量必定是不可估量的。坚持是一种伟大的力量，正是这种力量让他们笑到了最后。

北魏节闵帝元恭，是献文帝拓跋弘的侄子。孝明帝当政时，元义专权，肆行杀戮，元恭虽然担任常侍、给事黄门侍郎，却总担心有一天大祸临头，便索性装病不出来了。那时候，他一直住在龙华寺，和朝中任何人都不来往。他潜心研究经学，到处为善布施，就这样装哑巴装了将近十二年。

孝庄帝永安末年，有人告发他不能说话是假，心怀叵测是真，而且老百姓中间流传着他住的那个地方有天子之气。孝庄帝听说这个消息之后，就派人把他捉到了京师。在朝堂上，孝庄帝

当面询问元恭有关民间传说之事，元恭依然装聋作哑，而且态度十分谦卑。

最后，孝庄帝认定他根本不会有所作为，只不过想安享晚年而已，于是就又放了他。

到了北魏永安三年十月，尔朱兆立长广王元晔为帝，杀了孝庄帝。那时，坐镇洛阳的是尔朱世隆。他觉得元晔世系疏远，声望又不怎么高，便打算另立元恭为帝。更有知情人告诉他元恭只是装成哑巴，为的就是躲过仇人的追杀，如此胸襟和智慧非一般人所有。尔朱世隆于是暗访元恭，得知他常有善举，为人随和而且学识渊博，在当地深得人心。

不久，元恭即位当了皇帝。

人生多舛，世事艰难。那些成功者并不一定都拥有好运气，但是他们必定都是从逆境中拼搏而站起来的。这就是说，人生少不了逆境，少不了坎坷，少不了挫折。而成就往往就是在逆境中低调积聚力量的结果，只有那些不断磨炼自己的人才能取得成功，才能突破人生的逆境，忍受人生的挫折，走过人生的坎坷。

低调处世可以追求自己内心的境界，这何尝不是一种成功？并不一定要有多大的野心，内心世界的升华也是一种境界。战国的庄子、东晋的陶渊明，他们能够舍弃繁华生活，追求一种内心的沉静和智慧，谁又能说他们不成功呢？在物欲充斥的环境中，这种从心底里寻求低调生活的人往往无欲则刚。

101

保持一种低调的姿态，不断积聚力量的人必定会是笑到最后的人。低调之人不会引人嫉妒，也不会引人非议。或者为局势所迫，或者天性使然，懂得低调中积聚力量的人一定会有所作为。

机会不是等来的，要靠自己争取

俗话说："酒香不怕巷子深。"这话只适合过去，如今是酒香也怕巷子深。一个人无论才能如何出众，如果不善于把握，那他就得不到伯乐的青睐。所以人的才能需要自我表现，而且自我表现时必须主动、大胆。如果你自己不去主动表现，或者不敢大胆地表现自己，你的才能就永远不会被别人知道。在电影《飘》中扮演女主角郝斯佳的费雯·丽，在出演该片前只是一位名不见经传的小演员。她之所以能够因此而一举成名，就是因为她大胆地抓住了自我表现的良好机遇。

当《飘》已经开拍时，女主角的人选还没有最后确定。毕业于英国皇家戏剧学院的费雯·丽当即决定争取出演郝斯佳这一十分诱人的角色。

可是，此时的费雯·丽还默默无闻，没有什么名气。怎样才能让导演知道我就是郝斯佳的最佳人选呢？这个问题成为她思考解决的一大关键。

经过一番深思熟虑后，费雯·丽决定毛遂自荐，方法是自我表现。一天晚上，刚拍完《飘》的外景，制片人大卫又愁眉不展

你的坚持，终究成就美好

了。突然，他看见一男一女走上楼梯，男的他认识，那女的是谁呢？只见她一手扶着男主角的扮演者，一手按住帽子，居然把自己扮成了郝斯佳的形象。

大卫正在纳闷儿时，突然听见男主角大喊一声："喂！请看郝斯佳！"大卫一下子惊住了："天呀！真是踏破铁鞋无觅处，得来全不费工夫。这不就是活脱脱的郝斯佳吗？！"

费雯·丽被选中了。

毋庸置疑，你的表现得到认可之时，就是机遇来临之日。请你务必记住一点：知道和了解你才能的人越多，你的机遇也就会越多。

当然，很多人或许不会像费雯·丽那样仅靠一次表现就一举获得成功。所以，我们必须有耐心和恒心。在一个人面前展现自我不行，就在更多的人面前展现；在一个地方展现无效，就在其他地方进行展现。展现多了，被发现、被赏识的可能性就会大大增加。

汉代名士东方朔，诙谐多智。他刚入长安时，向汉武帝上书，竟用了三千片木椟，公车令派两个人去抬，才勉强抬起来。汉武帝用了两个月才把它读完。这在当时也堪称"吉尼斯世界之最"了。在奏章中，东方朔自许甚高，称："臣年二十二，长九尺三寸，目若悬珠，齿如编贝，勇若孟贲，捷若庆忌，廉若鲍叔，信若尾生。若此，可以为天子大臣矣。"皇帝果然被此打动，但转念一想，又觉言过其实，始终未予重用。

东方朔并不死心，另辟蹊径。当时，与东方朔并列为郎的侍臣中，有不少是侏儒。东方朔就吓唬他们，说皇帝认为他们没用，要杀死他们。侏儒们吓坏了，诉于皇帝，皇帝便诏问东方朔为何要吓唬他们。东方朔说："那些侏儒身长不过三尺，俸禄是一口袋米，二百四十个铜钱。我东方朔身长九尺有余，俸禄也是一口袋米，二百四十个铜钱。侏儒饱得要死，我却饿得要死。陛下要觉得我有用，请在待遇上有所差别；如果不想用我，可罢免我，那我也用不着在长安城要饭吃了。"皇帝听了大笑，因此让他待诏金马门（即古代宦署的大门），待他比以前亲近了许多。

有时候，沉默谦逊确实是一种"此时无声胜有声"的制胜利器，但无论如何你也不要处处把它当作金科玉律来信奉。在种种竞争中，你要将沉默、踏实、肯干、谦逊的美德和善于"秀"自己结合起来，才能更好地让别人赏识你。

失败不过是从头再来

如果看看世界上那些成功人士的生平经历，就会发现，那些声振寰宇的伟人，都是在经历过无数的失败后，又重新开始拼搏才获得最后的胜利的。

帕里斯的成功之路是艰辛的

1510 年，帕里斯出生在法国南部，他一直从事玻璃制造业，直到有一天看到一只精美绝伦的意大利彩陶茶杯。这一瞥，改变

你的坚持，终究成就美好

了他一生的命运。

"我也要造出这样美丽的彩陶。"这是他当时唯一的信念。

他建起煅炉，买来陶罐，打成碎片，开始摸索着进行烧制。

几年下来，碎陶片堆得像小山一样，可他心目中的彩陶却仍不见踪影，他甚至无米下锅了。迫不得已他只得回去重操旧业，挣钱来生活。

他赚了一笔钱后，又烧了 3 年，碎陶片又在砖炉旁堆成了大山，可仍然没有结果。

长期的失败使人们对他产生了看法。都说他愚蠢，是个大傻瓜，连家里人也开始埋怨他。他也只是默默地承受。

试验又开始了，他十多天都没有脱衣服，日夜守在炉旁。燃料不够了。他拆了院子里的木栅栏，怎么也不能让火停下来呀。又不够了！他搬出了家具，劈开，扔进炉子里。还是不够，他又开始拆屋子里的地板。噼噼啪啪的爆裂声和妻子儿女们的哭声，让人听了鼻子都是酸酸的。马上就可以出炉了，多年的心血就要有回报了，可就在这时，只听炉内"嘭"的一声，不知是什么爆裂了。所有的产品都沾染上了黑点，全成了次品。

眼看到手的成功，又失败了！帕里斯也感受到了巨大的打击，他独自一人到田野里漫无目的地走着。不知走了多长时间，优美的大自然终于使他恢复了心里的平静，他平静地又开始了下一次试验。

经过 16 年无数次的艰辛实验，他终于成功了，而这一刻，他却一片平静。他的作品成了稀世珍宝，价值连城，艺术家们争相收藏。他烧制的彩陶瓦，至今仍在法国的卢浮宫上闪耀着光芒。

他的成功来得何等不易，在一次又一次的失败中一次又一次的重新站起，这正是帕里斯成功的秘诀。

奋斗者不相信失败。他们将错误当作是学习和发展新技能及策略的机会，而不是失败。有人认为失败一无是处，只会给人生带来阴暗。其实恰恰相反，人们从每次错误中可以学习到很多东西，并调整自己的路线，重新回到正确的道路上来。错误和失败是不可避免的，甚至是必要的；它们是行动的证明——表明你正在努力。你犯的错误越多，你成功的机会就越大，失败表示你愿意尝试和冒险。奋斗者应该明白：每一次的失败都使你在实现自己梦想的道路上前进了一步。

西奥多·罗斯福说："最好的事情是敢于尝试所有可能的事，经历了一次次的失败后赢得荣誉和胜利。这远比与那些可怜的人们为伍好得多，那些人既没有享受过多少成功的喜悦，也没有体验过失败的痛苦，因为他们的生活暗淡无光，不知道什么是胜利，什么是失败。"在这个世界上，有阳光，就必定有乌云；有晴天，就必定有风雨。从乌云中挣脱出来阳光会显得更加灿烂，经历过风雨的洗礼，天空才能更加湛蓝。人们都希望自己的生活平静如水，可是命运却给予人们那么多波折坎坷。此时，我们要知道，困难和坎坷只不过是人生的馈赠，它能使我们的思想更清醒、更深刻、更成熟、更完美。

所以，不要害怕失败，在失败面前，只有永不言弃者才能傲然面对一切，才能最终取得成功，其实，失败真的不过是从头再来！

坚忍的乌龟快过睡觉的兔子

"登泰山而小天下"，这是成功者的境界，如果达不到这个高度，就不会有这个视野。但是，若想到达这种境界亦非易事，人们从岱庙前起步上山，进中天门，入南天门，上十八盘，登玉皇顶，这一步步拾级而上，起初倒觉轻松，但愈到上面便愈感艰

难。十八盘的陡峭与险峻曾使无数登山客望而却步。游人只有努力向前，才能登上泰山山顶，体验杜甫当年"一览众山小"的酣畅意境。

许多人盼望长命百岁，却不理解生命的意义；许多人渴求事业成功，却不愿持之以恒地努力。其实，人的生命是由许许多多的"现在"累积而成的，人只有珍惜"现在"，不懈奋斗，才能使生命焕发光彩，事业获得成功。

要成功，最忌"一日曝之，十日寒之""三天打鱼，两天晒网"。数学家陈景润为了求证哥德巴赫猜想，用过的稿纸几乎可以装满一个小房间；作家姚雪垠为了写成长篇历史小说《李自成》，竟耗费了40年的心血……大量的事实告诉我们，无论你多么聪明，成功都是在踏实中，一步一步、一年一年积累起来的。

莎士比亚说："斧头虽小，但多次砍劈，终能将一棵挺拔的大树砍倒。"

想"一夜成名""一夜暴富"的人，不扎扎实实地长期努力，而是想靠侥幸一举成功。比如投资赚钱，不是先从小生意做起，慢慢积累资金和经验，再把生意做大，而是如赌徒一般，借钱做大投资、大生意，结果往往惨败。有的人并没有认真研究网络经济市场，也没有认真考虑它的巨大风险，只觉得这是一个发财成名的"大馅饼"，一口吞下去，最后没撑多久，草草倒闭，白白"烧"掉了许多钞票。

俗话说："滚石不生苔""坚持不懈的乌龟能快过灵巧敏捷的

野兔"。如果能每天学习一小时，并坚持 12 年，所学到的东西，一定远比坐在学校里混日子的人所学到的多。

人类迄今为止，还不曾有一项重大的成就不是凭借坚持不懈的精神而实现的。

大发明家爱迪生也如是说："我从来不做投机取巧的事情。我的发明除了照相术，也没有一项是由于幸运之神的光顾。一旦我下定决心，知道我应该往哪个方向努力，我就会勇往直前，一遍一遍地试验，直到产生最终的结果。"

要成功，就要强迫自己一件一件地去做，并从最困难的事做起。

有一个美国作家在编辑《西方名作》一书时，应约撰写 102 篇文章。这项工作花了他两年半的时间。加上其他一些工作，他每周都要工作整整 7 天。他没有从最容易阐述的文章入手，而是给自己定下一个规矩：严格地按照字母顺序进行，绝不允许跳过任何一个自感费解的观点。另外，他始终坚持每天都首先完成困难较大的工作，再干其他的事。事实证明，这样做是行之有效的。

一个人如果要成功，就应该学习这些成功者的经验，从小事做起，坚持下去，总有一天你会看到成功的阳光。

第六章

以信念为灯塔，
不惧远航

日子难过，更要认真地过

你在埋怨自己被苦日子折磨时，是否想过，其实这境遇只是你不认真对待生活造成的呢？日子难过，更要认真地过。有个学者说过："人生的棋局，只有到了死亡才会结束，只要生命还存在，就有挽回棋局的可能。"

生活拮据，日子难过，大部分人的生活都过得很辛苦。但是，在你埋怨苦日子折磨人的时候，不妨仔细想想：在这些难过的日子当中，你认真生活了几天？

地铁上，两个年纪40岁左右的女人在说话，一个说："这日子真的是没法过下去了，我真是再也受不了了。他居然跟我说要把房子卖了，你想想：把房子卖了我们住到哪里去啊？没想到跟了他这么多年，现在居然落到这样的地步。"

另一个说："那不行啊，就算是把房子卖了，这样下去也是坐吃山空，还是要想办法让他出去工作才行。"

"谁说不是呢！可是他要是肯听我的就好了。现在他什么朋友都没有，什么人也不愿意见，整天待在家里，孩子也怕他，他随时都会发火，我都烦死了。这样的日子难过死了。"

你的坚持，终究成就美好

"唉……"

原来，这个家里的男主人下岗了之后也找过几个工作，但做了一段时间都不成功，意志愈加消沉。于是女主人对他越来越不满意，家里开始硝烟弥漫，大吵小吵没有断过。

家里就女主人一个人上班以维持家用，她心里也着急，可是又不知道用什么方法来让老公重整旗鼓。男主人于是提出把房子卖了租房子住，于是又展开了新一轮的战争。

人生就是这样：苦多于乐！

美国教育学家乔治·桑塔亚纳说："人生既不是一幅美景，也不是一席盛宴，而是一场苦难。"我们每个人来到这世界那一天，没有人会给我们一本生活指南，教我们如何应付命运多舛的人生。也许青春时期的你曾经期待长大成人以后，人生会像一场热闹的派对，但在现实世界经历了几年风雨后，你会幡然醒悟，人生的道路原来布满荆棘。

无论你是老是少，都请不要奢望生活一帆风顺，因为你会发现大家的日子都会遇到困难。再怎么才华横溢、家财万贯，照样会面临挫折、困顿。人人都要经历压力和痛苦，而且难保不会遇上疾病、天灾、意外、死亡及其他意外，谁都无法做到完全免疫，就算成功人士也会承认这是个需要辛苦打拼的世界。精神分析学家荣格主张：人类需要逆境，逆境是迈向身心健康的必要条件。他认为遭遇困境能帮助我们获得完整的人格与健全的心灵。

人的一生总有许多波折，要是你觉得事事如意，大概是误闯了某条单行道。

美国作家诺瑞丝拥有一套轻松面对生活的法则：人生比你想象中好过，只要接受困难、量力而为、咬紧牙关就过去了。你跨出的每一步，都能助你完成学习之旅。面临生活考验时，耐力越高，通过的考验也越多。所以要放松心情，靠意志力和自信心渡过难关。

舒适安逸的生活无法带给人快乐与满足，人生若是少了有待克服的障碍、有待解决的问题、有待追求的目标、有待完成的使命，便毫无成就感可言了。

人生是一场学习的过程，接二连三的打击则是最好的生活导师。享乐与顺境无法锻炼人格，逆境却可以。一旦克服了难关，遇到再糟的情况也不会惊慌。人生有甘也有苦，物质环境的优劣与生活困厄的程度毫无瓜葛，重要的是我们对环境采取何种反应。接受好花不常开的事实，日子会优哉许多。记住这句话：人生苦多于乐，不必太在乎。

你的坚持，终究成就美好

心若向阳，无谓悲伤

人的潜力是惊人的，很多时候，你认为你承受不了的事，往往却能够不费气力地承受下来。人生没有承受不了的事，相信你自己。

你还在为即将到来或正发生在自己身上的不幸而担忧吗？其实，这些困难并不像你想象的那样可怕。只要勇敢面对，你就能够承受。等你适应了那样的不幸以后，你就可以从不幸中找到幸运的种子了。

帕克在一家汽车公司上班。很不幸，一次机器故障导致他的右眼被击伤，抢救后还是没有能保住，医生摘除了他的右眼球。

帕克原本是一个十分乐观的人，但现在却成了一个沉默寡言的人。他害怕上街，因为总是有那么多人看他的眼睛。

他的休假一次次被

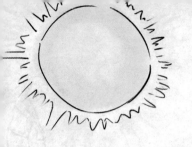

延长，妻子艾丽丝担起了家庭的所有重担，而且她在晚上又兼了一个职。她很在乎这个家，她爱着自己的丈夫，想让全家过得和以前一样。艾丽丝认为丈夫心中的阴影总会消除的，那只是时间问题。

但糟糕的是，帕克的另一只眼睛的视力也受到了影响。在一个阳光灿烂的早晨，帕克问妻子谁在院子里踢球时，艾丽丝惊讶地看着丈夫和正在踢球的儿子。在以前，儿子即使到更远的地方，他也能看到。艾丽丝什么也没有说，只是走近丈夫，轻轻地抱住他的头。

帕克说："亲爱的，我知道以后会发生什么，我已经意识到了。"

艾丽丝的泪就流下来了。

其实，艾丽丝早就知道这种后果，只是她怕丈夫受不了打击而要求医生不要告诉他。帕克知道自己要失明后，反而镇静多了，连艾丽丝自己也感到奇怪。艾丽丝知道帕克能见到光明的日子已经不多了，她想为丈夫留下点什么。她每天把自己和儿子打扮得漂漂亮亮，还经常去美容院。在帕克面前，不论她心里多么悲伤，她总是努力微笑。

几个月后，帕克说："艾丽丝，我发现你新买的套裙那么旧了！"

你的坚持，终究成就美好

艾丽丝说："是吗？"

她奔到一个他看不到的角落，低声哭了——她那件套裙的颜色在太阳底下绚丽夺目。她想，还能为丈夫留下什么呢？

第二天，家里来了一个油漆匠，艾丽丝想把家具和墙壁粉刷一遍，让帕克的心中永远有一个新家。

油漆匠工作很认真，一边儿干活儿还一边儿吹着口哨，干了一个星期，终于把所有的家具和墙壁刷好了，他也知道了帕克的情况。

油漆匠对帕克说："对不起，我干得很慢。"

帕克说："你天天那么开心，我也为此感到高兴。"

算工钱的时候，油漆匠少算了 100 元。

艾丽丝和帕克说："你少算了工钱。"

油漆匠说："我已经多拿了，一个等待失明的人还那么平静，你告诉了我什么叫勇气。"

但帕克却坚持要多给油漆匠 100元，帕克说："我也知道了原来残疾人也可以自食其力，并生活得很快乐。"

——油漆匠只有一只手。

哀莫大于心死，只要自己还持有一颗乐观、充满希望

的心，身体的残缺又有什么影响呢？要学会享受生活，只要还有生活的勇气，那么你的人生仍然是五彩缤纷的。

人的潜力是无穷的，世界上没有任何事情能够将人的心完全压制。只要相信自己，人生就没有承受不了的事。至于受老板的责骂、受客户的折磨这种小事，你还会在乎吗？

有信念的人，命运永远不会辜负

我们常把信念看成一些信条，以为它只能在口中说说而已。但是从最基本的观点来看，信念是一种指导原则和信仰，让我们明了人生的意义和方向；信念像一张早已安置好的滤网，过滤我们所看到的世界；信念也像脑子的指挥中枢，指挥我们的脑子，照着我们所相信的，去看事情的变化。

斯图尔特·米尔曾说过："一个有信念的人，所发出来的力量，不下于99位仅心存兴趣的人。"这也就是信念能开启卓越之门的缘故。

若能好好控制信念，它就能发挥极大的力量，开创美好的未来。

可以说，信念是一切奇迹的萌发点。

在诺曼·卡曾斯所写的《病理的解剖》一书中，说了一则关于20世纪最伟大的大提琴家之一卡萨尔斯的故事。这是一则关于信念和更新的故事，你我都会从中得到启示。

他们会面的日子，恰在卡萨尔斯90大寿前。卡曾斯说，他实在不忍看那老人所过的日子。他是那么衰老，加上严重的关节

你的坚持，终究成就美好

炎，不得不让人协助穿衣服。他呼吸很费劲，看得出患有肺气肿；走起路来颤颤巍巍，头不时地往前颠；双手有些肿胀，十根手指像鹰爪般勾曲着。从外表看来，他实在是老态龙钟。

就在吃早餐前，他走近钢琴，那是他最擅长的几种乐器之一。他很吃力地坐上钢琴凳，颤抖着把那勾曲肿胀的手指放到琴键上。

霎时，神奇的事情发生了。卡萨尔斯突然像完全变了个人似的，显出飞扬的神采，而身体也开始活动并弹奏起来，仿佛是一位神采飞扬的钢琴家。卡曾斯描述说："他的手指缓缓地舒展移向琴键，好像迎向阳光的树枝嫩芽，他的背脊直挺挺的，呼吸也似乎顺畅起来。"弹奏钢琴的念头完完全全地改变了他的心理和生理状态。他弹奏巴赫的《钢琴平均律》一曲时，是那么纯熟灵巧，丝丝入扣。随之他奏起勃拉姆斯的协奏曲，手指在琴键上像游鱼一样轻快地滑着。"他整个身子像被音乐融解，"卡曾斯写道，"不再僵直和佝偻，代之的是柔软和优雅，不再为关节炎所苦。"

在他演奏完毕，离座而起时，跟他当初就座弹奏时全然不同，他站得更挺，看起来更高，走起路来双脚也不再拖着地。他飞快地走向餐桌，大口地吃着饭，然后走出家门，漫步在海滩的清风中。

这就是信念的力量，一个有着坚强信念的人，即使衰老和病魔也不能打败他。用信念支撑你的行动，就能健步向前，拥有一个充实的人生。

绝望时，希望也在等你

苦难能毁掉弱者，同样也能造就强者。因此，在任何时候都不要放弃希望。

罗勃特·史蒂文森说过："不论担子有多重，每个人都能支持到夜晚来临；不论工作多么辛苦，每个人都能做完一天的工作。每个人都能很甜美、很有耐心、很可爱、很纯洁地活到太阳下山，这就是生命的真谛。"确实如此，唯有流着眼泪吞咽面包的人才能理解人生的真谛。因为苦难是孕育智慧的摇篮，它不仅能磨炼人的意志，而且能净化人的灵魂。如果没有那些坎坷和挫折，人绝不会有这么丰富的内心世界。

有些人一遇挫折就灰心丧气、意志消沉，甚至用死来躲避厄运的打击，这是弱者的表现。可以说生比死更需要勇气，死只需要一时的勇气，生则需要一世的勇气。每个人在一生中都可能有消沉的时候，居里夫人曾两次想过自杀，奥斯特洛夫斯基也曾用手枪对准过自己的脑袋，但他们最终都以顽强的意志面对生活，并获得了巨大的成功。可见，一时的消沉并不可怕，可怕的是在消沉中不能自拔。

做一个生命的强者，就要在任何时候都不放弃希望，最终会等到转机来临的那一天。

城市被围，情况危急。守城的将军派一名士兵去河对岸的另一座城市求援，假如救兵在明天中午赶不回来，这座城市就将沦陷。

整整两个时辰过去了，这名士兵才来到河边的渡口。

平时渡口这里会有几只木船摆渡，但是由于兵荒马乱，船夫全都避难去了。

本来他是可以游泳过去的，但是现在数九寒天，河水太冷，河面太宽，而敌人的追兵随时可能出现。

他的头发都快愁白了，假如过不了河，不仅自己会当俘虏，整个城市也会落在敌人手里。万般无奈，他只得在河边静静地等待。

这是一生中最难熬的一夜，他觉得自己都快要冻死了。

他真是走投无路了，自己不是冻死，就是饿死，要么就是落在敌人手里被杀死。

更糟的是，到了夜里，起了北风，后来又下起了鹅毛大雪。

他冻得瑟缩成一团，甚至连抱怨自己命苦的力气都没有了。

此时，他的心里只有一个念头：活下来！

他暗暗祈求："上天啊，求你再让我活一分钟，求你让我再活一分钟！"也许他的祈求真的感动了上天，当他气息奄奄的时候，他看到东方渐渐发亮。等天亮时，他惊奇地发现，那条阻挡他前进的大河上面已经结了一层冰。他往河面上试着走了几步，发现冰冻得非常结实，他完全可以从冰上面走过去。

他欣喜若狂，牵着马从冰面上轻松地走过了河面。

因为我不要平凡，所以比别人难更多

人生不如意事十之八九，即使是一个十分幸运的人，在他的一生中也总有处境十分艰难的情况，一帆风顺的人生是不存在的。看一个人是否成功，我们不能看他成功的时候或开心的时候怎么过，而要看其在不顺利的时候，在没有鲜花和掌声的落寞日子里怎么过。有句话是这么说的："在前进的道路上，如果我们因为一时的困难就将梦想搁浅，那只能收获失败的种子，我们将永远不能品尝到成功这杯美酒芬芳的味道。"

在中国商界，史玉柱代表着一种分水岭。

20世纪90年代，史玉柱是中国商界的风云人物。他通过销售巨人汉卡迅速赚取超过亿元的资本，凭此赢得了巨人集团所在地珠海市第二届科技进步特殊贡献奖。那时的史玉柱事业达到了顶峰，自信心极度膨胀，似乎没有什么事做不成。也就是在获得诸多荣誉的那年，史玉柱决定做点"刺激"的事：要在珠海建一座巨人大厦，为城市争光。

大厦最开始定的是18层，但之后，大厦层数节节攀升，一直飚到72层。此时的史玉柱就像打了鸡血一样，明知大厦的预算超过10亿，手里的资金只有2亿，还是不停地加码。最终，巨人大厦的轰然倒地让不可一世的史玉柱尝尽了苦头。他曾经在最后的关头四处奔走寻觅资金，但"所有的谈判都失败了"。

你的坚持，终究成就美好

随之而来的是全国媒体的一哄而上，成千
上万篇文章骂他，欠下的债也是个极其恐
怖的数字。史玉柱最难熬的日子是 1998 年
上半年，那时，他连一张飞机票也买不起。
"有一天，为了到无锡去办事，我只能找副总借，
他个人借了我一张飞机票的钱，1000 元。"到了无锡
后，他住的是 30 元一晚的招待所。女招待员认出了
他，没有讽刺他，反而给了他一盆水果。那段日子，
史玉柱一贫如洗。如果有人给那时的史玉柱拍
摄一些照片，那上面的脸孔必定是极度张狂
到失败后的落寞，焦急、忧虑是史玉柱那时
最生动的写照。

　　经历了这次失败，史玉柱开始反思。他觉得
性格中一些癫狂的成分是他失败的原因。他
想找一个地方静静，于是就有了一年多的
南京隐居生活。

　　在中山陵前面的一块地方，有一片树林，
史玉柱经常带着一本书和一个面包到那里充电。那时，
他每天十点左右起床，然后下楼开车往林子那边走，路上
会买好面包和饮料。部下在外边做市场，他只用手机遥控，
快天黑了就回去，在大排档随便吃一点，一天就这样过去了。

　　后来有人说，史玉柱之所以能"死而复生"，就是得益于那

时候的"卧薪尝胆"。他是那种骨子里希望重新站起来的人。事业可以失败，精神上却不能倒下。经过一段时间的修身养性，他逐渐找到了自己失败的症结：之前的事业过于顺利，所以忽视了许多潜在的隐患。不成熟、盲目自大，野心膨胀，这些，就是他性格中的不安定因素。

他决心从头再来，此时，史玉柱身体里坚强的秉性体现出来。他在那次珠峰以及多次"省心"之旅后踏上了负重的第二次创业。这次事业的起点是保健品脑白金。

因为之前的巨人大厦事件，全国上下已经没有几个人看好史玉柱。他再次的创业只是被更多的人看作赌徒的又一次疯狂。但脑白金一经推出，就迅速风靡全国，到2000年，月销售额达到1亿元，利润达到4500万。自此，巨人集团奇迹般复活。虽然史玉柱还是遭到全国上下诸多非议，但不争的事实却是，史玉柱曾经的辉煌确实慢慢回来了。

赚到钱后，他没想到为自己谋多少私利，他做的第一件事就是还钱。这一举动，再次使其成为众人的焦点。因为几乎没有人能够想到史玉柱有翻身的一天，更没想到这个曾经输得一贫如洗的人能够还钱。但他确实做到了。

认识史玉柱的人，总说这些年他变化太大。怎么能没有变化呢？一个经历了大起大落的人，内心总难免泛起些波澜。而对于史玉柱，改变最多的，大概是心态和性格。几番沉浮，很少有人再看到他像早些年那样狂热、亢奋、浮躁，更多的是沉稳、坚忍

你的坚持，终究成就美好

和执着。即使是十分危急的关头，他也是一副胸有成竹、不慌不忙的样子。

回想自己早年的失败时，史玉柱曾特意指出，巨人大厦"死"掉的那一刻，他的内心极其平静。而现在，身价百亿的他也同样把平静作为自己的常态。

只是，这已是两种不同的境界。前者的平静大概象征一潭死水，后者则是波涛过后的风平浪静。起起伏伏，沉沉落落，有些人生就是在这样的过程中变得强大和不可战胜。良好的性情和心态是事业成功的关键，少了它们，事业的发展就可能徒增许多波折。

人生难免有低谷的时候，在这样的时刻，我们需要的就是忍受寂寞，卧薪尝胆。就像当年越王勾践那样，三年的时间里，作为失败者，他饱受屈辱，被放回越国之后，他选择了在寂寞中品尝苦胆，铭记耻辱，奋发图强，最终得以雪耻。

不要羡慕别人的辉煌，也不要眼红别人的成功，只要你能忍受寂寞，满怀信心去开创，默默付出，相信生活一定会给你丰厚的回报。

低谷的短暂停留，是为了向更高峰攀登

随着最后一棒雷扎克触壁，美国队在北京奥运会男子 4×100 米混合泳接力比赛中夺冠了，并打破了世界纪录！泳池旁的菲尔普斯激动得跳起来，和队友们紧紧拥抱在一起。这也是菲尔普斯本人在北京奥运会上夺得的第八枚金牌，可谓是前无古人。菲尔普

斯已经彻底超越了施皮茨，成为奥运会的新王者。

如果说一个人的一生就像一条曲线，那么，北京奥运会上的菲尔普斯无疑达到了人生的一个新高峰；如果说一个人的一生就像四季轮回，那么，北京奥运会上的菲尔普斯必定是处在灿烂热烈、光芒四射的夏季。在2008年北京的水立方，菲尔普斯创造了令人大为惊叹的八金神话，无比荣耀地登上了他人生的巅峰。

而2009年2月初，当北半球大部分国家还被冬天的低温笼罩时，从美国传出了一条让菲迷们更觉冰冷的消息：菲尔普斯吸食大麻！菲迷们伤心了，媒体哗然了，"大麻门"再次让人们瞠目结舌。

北京奥运会后，菲尔普斯完全放弃了训练，流连于各个俱乐部、夜店，继而沉醉于赌城拉斯维加斯豪赌，私生活可谓糜烂。他也不再严格控制饮食，导致体重增加了至少6千克。《纽约时报》说，"这是有史以来最胖的菲尔普斯，他更像明星，而不是运动员"。

尽管"大麻门"曝光后，菲尔普斯痛心疾首，向公众真诚致歉并表示会痛改前非，很多热爱飞鱼的人都采取了宽容的态度，美国泳协也仅对菲尔普斯禁赛三个月。但事情既然发生了，就不得不引发人们深深的思考。

相比于风光无限的2008年夏季，2008年底到2009年初，菲尔普斯似乎在走下坡路，他人生也似乎走进了寒冷的冬季。喜欢他的人们帮他开脱，比如年少无知、交友不慎，比如生活单调、压力过大。其实和菲尔普斯相比，现实生活中很多人的生活轨迹又何尝不是如此呢？春风得意，自我膨胀，然后屡犯错误，最后跌入人生的低谷。无论是主观原因还是客观因素，成功的背后总会有失败的影子，得意过后总会伴着失意，有顺境就有逆境，有春天也会有冬季，这似乎是人生无可置疑的辩证法。

人生就像四季，有着寒暑之分，也会有冷暖交替的变化。情场失意、工作不得志、与家人无法沟通、在同事中不被认同、亲人病危……当我们面临人生的"冬季"时，不可避免地会陷入情绪的低潮，并经常在低潮与清醒中来回摇摆。其实，当一个人处于人生中的"冬季"时，正是好好反省、重新认识自己的时候，因为在所谓清醒的时刻，往往并非真正的清醒。不管是刻意抑或是在潜意识中，都会在有意或无心的时候，否定了内心种种孤寂、空虚的感受，也压抑了由恐惧所引起的各种负面情绪。

当然，有人也想过办法来解决这样的问题，有人尝试各种各样的方法，只是到了最后，还是不忘提醒自己这样的话："书上写的、朋友说的我都懂，不过，懂是一回事，能不能做又是另外一

回事！"就这样，不是畏惧改变，就是不耐于等待，而错失了反省自己的机会！

人在顺境时得意是非常自然的事情，但是能在低谷的困苦中寻乐，或是让心情归于平静去认识平常疏于了解的自己，则能帮助自己成长。生活中的"冬季"就像开车遇到红灯一样，短暂的停留是为了让你放松，甚至可以看看是否走错了方向。人生是长途旅行，如果没有这种短暂的休息，也就无法精力充沛地完成旅程。生命有高潮也有低谷，低谷的短暂停留是为了整顿自我，向更高峰攀登。

磨砺到了，幸福也就到了

世间很多事情都是难以预料的，亲人的离去、生意的失败、失恋、失业等等打破了我们原本平静的生活，以后的路究竟应该怎么走？我们应当从哪里起步？这些灰暗的影子一直笼罩在我们的头上，让我们裹足不前。

难道生活真的就这么难吗？日子真的就暗无天日吗？其实，并不是这样的。在这个世界上，为何有的人活得轻松，而有的人却活得沉重？因为前者拿得起，放得下，后者是拿得起，却放不下。

很多人在受到伤害之后，一蹶不振，在伤痛的海洋里沉沦。只得到不失去的事情是不存在的，而一个人在失去之后，就对未来丧失信心和希望，又怎么在失去之后再得到呢？人生又怎能过得快乐幸福呢？

被誉为"经营之神"的松下幸之助9岁起就去了大阪做一个

小伙计，父亲的过早去世使得 15 岁的他不得不担负起生活的重担，寄人篱下的生活使他过早地体验了生活的艰辛。

22 岁那年，他晋升为一家电灯公司的检察员。就在这时，松下幸之助发现自己得了家族病，已经有 9 位家人在 30 岁前因为家族病离开了人世。他没了退路，反而对可能发生的事情有了充分的精神准备，这也使他形成了一套与疾病做斗争的办法：不断调整自己的心态，以平常之心面对疾病，使自己保持旺盛的精力。这样的过程持续了一年，他的身体变得结实起来，内心也越来越坚强，这种心态也影响了他的一生。

患病一年来苦苦思索，改良插座的愿望受阻后，他决心辞去公司的工作，开始独立经营插座生意。创业之初，正逢第一次世界大战，物价飞涨，而松下幸之助手里的资金少得可怜。公司成立后，最初的产品是插座和灯头，却因销量不佳，使得工厂到了难以维持的地步，员工相继离去，松下幸之助的境况变得很糟糕。

但他把这一切都看成创业的必然经历，他对自己说："再下点功夫，总会成功的！已有更接近成功的把握了。"他相信：坚持下去取得成功，就是对自己最好的报答。功夫不负有心人，生意逐渐有了转机，直到 6 年后拿出第一个像样的产品，也就是自行车前灯时，公司才慢慢走出了困境。

1929 年经济危机席卷全球，日本也未能幸免，产品销量锐减，库存激增。日本的战败使得松下幸之助变得几乎一无所有，剩下的是到 1949 年时达 10 亿元的巨额债务。为抗议把公司定为财阀，松下幸之助不下 50 次去美军司令部进行交涉。

一次又一次的打击并没有击垮松下幸之助，如今松下已经成为享誉全世界的知名品牌，这个品牌正是在不断的磨砺之中逐渐成长起来的。

如果当初在得知自己患上家族病的那一刻，松下就将自己埋没在悲观之中，那么，或许我们今天就不会看到松下这个品牌了。

生活中有各种各样我们想不到的事情，其实这些事情本身并不可怕，可怕的是我们无法从这件事情所造成的影响中抽身出来，尽早以最新、最好的状态去投入下面的事情，哪怕我们现在身无分文，我们可以从身无分文起步，一点一滴地打拼，磨砺到了，幸福也就到了。

第七章

世界这么忙，
柔弱给谁看？

大海上没有不带伤的船

痛苦、失败和挫折是人生必须经历的阶段。受挫一次，对生活的理解加深一层；失误一次，对人生的领悟便增添一级；磨难一次，对成功的内涵便透彻一遍。从这个意义上说：想获得成功和幸福，想过得快乐和充实，首先就得真正领悟失败、挫折和痛苦。

英国一个保险公司曾经从拍卖市场上买下一艘船，这艘船原来属于荷兰一个船舶公司，它 1894 年下水，在大西洋上曾 138 次遭遇冰山，116 次触礁，13 次失火，207 次被风暴折断桅杆，但是却从来没有沉没过。

根据英国《泰晤士报》报道，截止到 1987 年，已经有 1200 多万人次参观了这艘船，仅参观者的留言就有 170 多本。在留言本上，留得最多的一条就是——在大海上航行没有不带伤的船。

在大海上航行没有不带伤的船，我们在生活中同样不可能会一帆风顺，难免会有伤痛和挫折。失败和挫折其实本来就是人生不可或缺的一部分。失败和痛苦是上帝与人们的沟通方式，好让

你的坚持，终究成就美好

你知道自己为何失败。迈向成功的转折点，通常是由失败或挫折所决定的。

什么是成功者？成功者不过是爬起来比倒下去多一次。这便是成功者与失败者的最大区别。

追求成功的过程中一定充满挫折与失败。你不打败它们，它们就会打败你。任何人在到达成功之前，没有不遭遇失败的。每一个成功的故事背后都有无数失败的故事。

约翰·克里斯在出版第一本书之前，曾写过564本其他书，并遭到了1000多次的退稿，但他并没有灰心放弃，终于第五百六十五本书获得了成功，成为英国著名的多产作家。

所以，接受失败，正确对待失败，危机就能成为转机，总会有云开雾散的一天。失败其实也是一种特殊的教育、一种宝贵的

经验，换个角度去面对它，就会有意想不到的收获。

　　一名德国工人在生产书写纸时，不小心弄错了配方，结果生产出一大批不能书写的废纸。他不但被扣工资，还被罚钱，最后遭到解雇。他并没有灰心丧气，在朋友的提醒下，他想到，这批纸虽然不能作为书写纸来使用，但吸水性极佳，可用来吸干器具上的水。于是，他将这批纸切成小块，取名"吸水纸"，上市后相当抢手。后来，他申请了专利，因此成为大富翁。

　　据说，宝洁公司有这样一个规定：员工如果3个月没有犯错误，就会被视为不合格员工。对此，宝洁公司全球董事长的解释是：那说明他什么也没干。

　　人的一生不可能一帆风顺。挫折失败，是人生中必然的过程与代价。只有经过挫折的考验，人才能展翅高飞，走向成熟。

失败是一种人生财富

　　古时候，有一个国王有一次举行盛大的国宴，厨工在厨房里忙得不可开交。一名小厨工不慎将一盆羊油打翻，吓得他急忙用手把混有羊油的炭灰捧起来往外扔。扔完后去洗手，他发现双手滑溜溜的，特别干净。小厨工发现这个秘密后，悄悄地把扔掉的炭灰捡回来，供大家使用。后来，国王发现厨工们的手和脸都变得洁白干净，便好奇地询问原因。小厨工便把自己的事情告诉了国王。国王试了试，效果非常好。很快，这个发现便在全国推广开来，并且传到希腊、罗马。没多久，有人根据这个原理研制出

你的坚持，终究成就美好

流行全世界的肥皂。

错误，绝对没有想象中那么可怕，它其实是一种特殊的教育、一种宝贵的经验。有时候，错误中往往孕育着机会。换个念头去面对错误，可能是另一个更圆满的成果。

2002 年 10 月 10 日，一条消息在全球迅速传播开来——日本一位小职员荣获了 2002 年诺贝尔化学奖。一位小职员居然也获得如此大奖？没错，他就是日本一家生命科学研究所的田中。

他不是科学界的泰斗，也非学术界的精英，他甚至不是优等生，大学时还留过级；他找工作时被索尼公司拒之门外，后经老师的极力推荐才有机会走进现在的这家研究所。他是那样的平凡，获奖前，就连同事都不知道有田中这个人。当他接到获奖通知时，他还以为是谁在跟他开玩笑呢。

面对众多记者的追问，田中笑着说："说来惭愧，一次失败却创造了让世界震惊的发明……"

事实的确如此。当时，田中的工作是利用各种材料测量蛋白质的质量。有一次，他不小心把丙三醇倒入钴中，他没有立即推翻重来，而是将错就错对其进行观察，于是意外地发现了可以异常吸收激光的物质，为以后震惊世界的发明"对生物大分子的质谱分析法"奠定了成功的基础。

失败在悲观者眼里是灾难，在乐观者眼里却是一次改正的机会。有失败的痛苦，才有成功的欢乐；有失败的考验，才有做人的成熟。勾践被夫差打败后，卧薪尝胆十年才一雪前耻；史蒂芬孙发明的第一列火车又笨又慢，经过无数次改良，终于成功。所以，失败也是一种财富，因为通过它又一次磨炼了你自己，使你完善了自我，又一次体味到坚韧的宝贵价值。

失败会使生活产生波折，从而更添生活情趣。没有遭遇过失败的人，永远是轻浮的。一个人经历的失败越多，他的经验就越丰富，做人就越成熟，能力也就越强。这样的人，只要他还能保持乐观，维持顽强的上进心，他就一定是最后的成功者。

有缺陷，就勇敢地面对

一只毛毛虫向上帝抱怨："上帝啊，你也太不公平了。我作为毛毛虫的时候，丑陋又行动缓慢，而当我变成了蝴蝶后，却美丽又轻盈。前期遭人厌恶，后期又招人赞美。这也太不公平了吧！"

上帝点了点头，说："那你准备怎么办？"

毛毛虫接着说："这样吧，平衡一下。我现在虽然丑陋点，但你让我行动轻盈点；在我化为蝴蝶后，让我行动迟缓一点。"

"这样啊，那恐怕你活不了多久啊！"上帝摇了摇头。

"为什么啊？"毛毛虫焦急地反问。

"如果你有蝴蝶的漂亮却只有毛毛虫的速度，是不是很容易就被人捉了去呢？现在之所以没人碰你，就是因为你的丑陋啊。"上帝语重心长地说。

毛毛虫想了想，决定还是做一只缓慢而丑陋的毛毛虫，因为

你的坚持，终究成就美好

这样不会因为美丽而失去性命。

在这个世界上没有任何一个人是完美的。不要害怕自己有缺陷，会受到别人的嘲笑，要勇敢地面对它，并将这些缺陷化作自己前进的动力。

布莱克从小双目失明，那时候他还不知道失明的后果。当他长大以后，他知道他将永远看不到这个世界。

"上帝为什么要这样对我，难道是我做错了什么惩罚我吗？我看不到小鸟，看不到树木，看不到颜色。失去了光明，我还能干什么？"布莱克常常这么自语。

他的亲人和朋友，还有许多好心人都来关怀他，照顾他。当他坐公共汽车的时候，常常有人为他让座。当他过马路的时候，会有人来搀扶他。但布莱克把这一切都看成别人对他的同情和怜悯，他心里并不好受，不愿意一直这样被同情、怜悯。

直到有一天，一件事情改变了他对世界的看法。那是莱恩神父讲给他的一句话："世上每个人都是被上帝咬过一口的苹果，都是有缺陷的。有的人缺陷比较大，因为上帝特别喜爱他的芬芳。"

"我真的是上帝咬过的苹果吗？"他问莱恩神父。

"是的，你不是上帝的弃儿。但是上帝肯定不愿意看到他喜欢的苹果在悲观失望中度过他的一生。"莱恩神父轻轻地回答道。

"谢谢你，神父，你让我找到了力量。"布莱克高兴地对神父说道。从此他把失明看作上帝的特殊钟爱，开始振作起来。若干年后，当地传诵着一位德艺双馨的盲人推拿师的故事。

　　事实上，有许多先天条件并不好的人之所以取得成功，是因为开始的时候，有一些阻碍他们的缺陷，促使他们加倍努力而得到更多的补偿。

　　一个男孩儿，从小到大都是坐在教室的最前排，因为他的个子一直是班上最矮的，只有一米二，而这个身高从此没有再改变过。他患的是一种奇怪的病，医学上称是内分泌失调导致的。

　　他的家境不好，父母都是农民，却要供养3个孩子念书。他上中学了，父母决定从学校抽回一个孩子，他们的目光首先落到了矮小的他身上。可他倔强地回绝了父亲："我要上学，学费我自己想办法！"从此，他拎着一个大大的塑料袋开始了自己的拾荒生涯，将一包包的废品换成学费。

　　在后来的一次事故中，父亲不幸丧失了劳动能力，矮小的他不得不连兄妹的担子也替父母扛起来。很显然，卖废品的钱已远远不够。偶然的机会，他听人说烟台一带拾荒的人少，就和父亲来到了烟台。为了生计，他边拾荒边乞讨，有空的时候，他就坐在人来车往的大街边捧着书本看。

　　父亲说，讨饭的看书有什么用。他反驳道，乞丐有两种，一种是形式上的，一种是精神上的，他是第一种。

　　在拾荒与乞讨的间隙，他以超乎常人的毅力与决心，学完了高中的所有课程，因为他有一个梦想。功夫不负有心人，在2003年，他以超出本科线30分的成绩被重庆工商大学录取。他就是

　　　　　　　你的坚持，终究成就美好

袖珍男孩儿魏泽阳。

有人问他为什么能改变自己的命运。他从容地说："我可以贫穷，却不可以低贱；我可以矮小，却不可以卑微！"

赖斯利说："人生的意义不在于拿到一副好牌，而在于怎么样打好一副烂牌。"缺陷不一定都是坏的，有可能就是你的长处和优点，只要会利用，可能还会给你带来意想不到的效果，但是，前提是你必须得正视缺陷。

人不可能十全十美，但人要永远追求完美。如果有缺陷，就要勇敢地面对，并战胜它。

决定输赢的不是牌的好坏，而是你的心态

生活中，有人为低工资而懊恼、忧郁，猛然发现邻居大嫂已经下岗失业，于是又暗暗庆幸自己还有一份工作可以做，虽然工资低一些，但起码没有下岗失业，心情转眼就好了起来。很多人总是看重自己的痛苦，而对别人的痛苦忽略不计。当自己痛苦不堪的时候，要是能够换一个角度来思考，痛苦的程度就会大大减弱。当自己兴高采烈的时候，应多向上比，会越比越进步；当自己苦恼郁闷的时候，应多向下比，会越比越开心。

所以，很多时候，我们要多看到自己的优点，看到自己所拥有的，而不是抓住自己的缺点或者不曾拥有的东西不放。人生最可怜的事，不是生与死的诀别，而是面对自己所拥有的，却不知道它是多么的珍贵。

从前有一个流浪汉，不知进取，每天只知道拿着一个碗向人乞讨度日，最后终于有一天，人们发现他饥饿而死。他死后，只留下了那个他天天向人要饭用的碗。有人看到这个碗，觉得有些特别，就带回家仔细研究，后来发现，原来流浪汉用来向人乞讨的碗，竟是价值连城的古董。

《法华经》记载了这样一个故事：

有个穷人探访一位有钱有地位的富翁亲戚。富翁同情他，故

热诚款待，结果穷人酒醉不醒。恰好这时官方通知富翁有要事需要他处理，富翁想推醒穷人，向他告别，但穷人不醒，富翁只好悄悄地把一些珠宝塞进他的破衣服之中。

穷人醒后，浑然不知，依然如同往常，四处流浪。过了一些时日，两个人偶遇，富翁告诉他衣服中藏宝的真相，穷人方才如梦初醒。

原来这么多日子以来，自己身上有"宝藏"也不知道！

每个人身上就拥有很大的潜能，只是大多数人都毫无察觉。20世纪90年代，由于受亚洲金融风暴的影响，香港经济萧条，各行各业传来裁员的消息，社会上一下子出现了很多的"穷人"。有些人怨天怨地，自暴自弃；有些人担惊受怕，惶惶不可终日。人们都指望老天爷搭救，幻想买六合彩、赌马、打麻将能发财。这时一位学者站出来呼吁说："大家为什么不冷静地反省、思索，面对经济不景气，自己还有哪些潜藏的本事、才能没有发挥？凭自己的实力、条件，还有哪些事业、工作

可以去拼搏？"

如同那位身怀"宝藏"却仍四处流浪的穷人一样，我们要仔细地"搜查"一下自己，看看自己的潜能在哪里。找到宝藏后，你还会

失落惆怅吗？

有一幅漫画：一个漂亮的女孩子，觉得自己过得很不幸，终于有一天她决定跳楼自杀。身体慢慢往下坠，她看到了十楼以恩爱著称的夫妇正在互殴，她看到了九楼平常坚强的Peter正在偷偷哭泣，八楼的阿妹发现未婚夫跟最好的朋友在床上，七楼的丹丹在吃她的抗忧郁药，六楼失业的阿喜还是每天买7份报纸找工作，五楼受人尊敬的王老师正在偷穿老婆的内衣，四楼的Rose又要和男友闹分手，三楼的阿伯每天盼望有人拜访他，二楼的莉莉还在看她那结婚半年就失踪的老公照片。在她跳下之前，她以为自己是世上最倒霉的人，而此刻她才知道每个人都有不为人知的困境。看完他们之后觉得其实自己过得还不错……可是已经晚了。当她掉在地上时，楼上所有不幸的人同时感慨：原来自己的生活还是美好的，还有人比他们更不幸。

这幅漫画很贴切地展现了我们生活中许多人的想法，我们每每羡慕别人的生活是如何的美好，总觉得自己是最不幸的那一个，而实际上并不是这样的，每个人的生活中是会出现别人所没有的各种各样的困难，就像这个美丽的女子在跳楼时所看到的那样，谁都不是生活的宠儿，只是每个人对待生活的态度不同而已。坚强的人最终尝到了生活的美味，意志薄弱的人最终为生活所淘汰。

所以，我们不要总把眼光局限在自身的坏牌上，实际上，别人手中的牌也并非都是好牌。这样去想，你才能不至于太自卑、太绝望，才能保持必胜的决心，坚强地走下去。

顺境容易让人浅薄，逆境让人深刻

生活中，如果你没有被逆境吓倒，反而能够任凭风浪起，稳坐钓鱼台，并以乐观的态度，把它们想象成理所当然的话，你实际上已经奏响了在逆境中洒脱前行的前奏。

许多逆境往往是好的开始。有人在逆境中成长，也有人在逆境中跌倒，这其中的差别，就在于我们如何看待。如果站起来便能成就更好的自己；硬是在地上赖着，自怨自怜悲叹不已的人，注定只能继续哭泣。

面对逆境，洒脱处之，方能领悟人生的自在与从容。古今名人中，能真洒脱者，大有人在。唐朝诗人刘禹锡，因革新遭贬，他不为压力所阻，仍以顽强的精神与政敌相抗争，写出"玄都观里桃千树，尽是刘郎去后栽""种桃道士归何处？前度刘郎今又来"的乐观诗句，他以潇洒的态度，超过"巴山蜀水凄凉地"，坚守"二十三年弃置身"的人格，终于迎来了仕途上新的春天。有人把洒脱理解为穿着新潮，谈吐倜傥，举止干练飘逸。实际上，这只是浅层次的认识。真正的洒脱，应该是指那种不以物喜，不以己悲，顺境不放纵，逆境不颓唐的超然豁达的精神境界。有的人，在身处绝境时，仍不绝望，而是提高生命的质量，以有效率的工作，使有限的生命更有意义。他们的生命虽然短暂，但活得热烈，活得自在。

顺境有时会变成陷阱，因为身处顺境的人，容易为眼前的景

你的坚持，终究成就美好

致所迷惑，而忘记了危险的存在。历史上处于顺境中由于得意忘形而最后身遭横祸的人举不胜举。在这里，成功反而成为失败之母。在逆境中，有的人疯了，有的人自杀了，也有的人化作不死鸟，涅槃后而重生，从他身上发出的光照亮了世间各个角落。

顺境容易让人浅薄，逆境让人深刻。霍兰德说："在黑暗的土地上生长着最娇艳的花朵，那些最伟岸挺拔的树林总是在最陡峭的岩石中扎根，昂首向天。"并非每一次不幸都是灾难，早年的逆境通常是一种幸运。既然如此，身处逆境，不妨像那首歌唱的那样：何不潇洒走一回？

牌不在于好坏，而在于你想不想赢

生活中很多人有成功的愿望，但愿望和信念不一样。愿望只是静态的："我希望成功，希望富有，希望很有成就……"而信念则是动态的："我要获得成功，要创造财富，要获得成就……"一个拥有坚定信念的人，坚信成功会在不久到来，所以一直努力坚持，用自己最大的努力向成功迈进。

原籍中国广东的泰国华侨、亚洲的大富翁之一、泰国的头号大亨、泰国盘谷银行的董事长陈弼臣，其父亲只是泰国曼谷某商业机构的一名普通秘书。陈弼臣儿时被父亲送回中国接受教育，17岁那一年因家境贫困被迫辍学。返回曼谷后，陈弼臣做过搬运夫、售货小贩以及厨师，同时还为两家木材公司做账目，日子就在他的精打细算中度过。四年之后，陈弼臣终于从一家建筑公司的秘书晋升为部门经理。后来，在几位朋友的赞助下，他集资创办了一家五金木材行，自任经理。经过艰苦的奋斗，攒了一些钱后，陈弼臣又接连开了三家公司，致力于木材、五金、药物、罐头食品以及大米的外销业务。当时，泰国被日本占领，陈弼臣的生意可想而知。但是，陈弼臣一边儿抗日，一边儿做生意，生意在他的打理下渐渐兴隆起来。

1944年底，陈弼臣与其他10个泰国商人集资20万美元创立了盘谷银行，职员仅仅23人。银行正式营业后，陈弼臣经常与那些受尽了列强凌辱、被外国大银行拒之于门外的华裔小商人来往。尽管那些贫穷的小商人时常唐突地闯进陈弼臣的家中，但仍然受到陈弼臣的礼遇。

关于这一点，陈弼臣后来说："在亚洲开银行是做生意，不是只做金融业务。我在判断一笔生意是否可做时，只观察这个顾客本人，观察他的过去和他的家庭状况。"

陈弼臣最初负责银行的出口贸易，因此与亚洲各地的华人商业团体建立了广泛的联系，并且积累了丰富的业务知识和经验，极大推动了盘谷银行的出口业务的发展。他在出任盘谷银行的总裁后，一直是这家银行的中流砥柱。

经过多年的艰苦奋斗，陈弼臣已跨进亚洲的大富翁之列。

陈弼臣的成功史，其实是一部白手起家的创业史。他没有继承祖业，也没有飞来的横财，他经过自己苦苦寻觅，一直不甘落后，渴望成功，终于找到了属于自己的那一片蓝天、那一方土地，找到了发展机遇。这一切都是他不听任命运摆布的结果。

历史上的众多有志之士就是因为心中怀着成功的信念，才能够留名史册。

司马迁凭着自己坚定的信念，历经坎坷，搜集到了大量的历史素材和社会素材，才完成了名垂千古的《史记》。

元朝的时候，一名女子出身贫苦，并且是别人家的童养媳，凭借着坚强的意志逃到了海南岛，并在那里与当地的人民一起生活了几十年，而后发明了纺织机，这个人就是黄道婆。生于并处于恶劣的条件下，她就是凭着坚定的信念取得了成功，假若黄道婆没有坚定信念她就不会逃到海南岛，也不会发明纺织机。

一个看不到屋外的阳光、听不到大自然的声音的女孩儿却能够赢得世人的尊重，她就是海伦·凯勒。她以自己坚强的意志力，以"热爱生命、刻苦学习"的信念，不向命运屈服，并最终获

得了成功。

马克思凭借对人类社会改良的信念，在众多的批判声中依然坚持自己的意见，终于完成了《资本论》，并成为社会主义思想的奠基人和创始人之一。

无论古今中外，成功的人都怀着一个必定成功的信念，也正是这些信念，不断地支持着他们在成功的路上披荆斩棘，一路向前。

一个人能否成功，关键在于他是否具有坚定不移的信念。踏过人生的重重阻挠，为自己的明天而努力！

你的坚持，终究成就美好

第八章

沙子入蚌后变成珍珠，
痛苦加身后铸就成功

痛苦割破了你的心，却掘出了生命的新水源

罗曼·罗兰曾说："只有把抱怨别人和环境的心情，化为上进的力量，才是成功的保证。"命运的挫折磨难，可以使人脆弱萎靡，也可以使人坚强冷静。学会忍耐，你就能够把握自己的命运。

无论你位高权重，还是富甲一方，你都会遇到折磨你的人，那么，当你面对这些折磨你的人的时候，你是忍耐、以不断改进自己来适应，还是怒不可遏、跟自己过不去？很显然，选择前者是明智之举。

艾柯卡是美国汽车业非常优秀的经营巨子，他曾任职于世界汽车行业的领头羊——福特公司。由于卓越的经营才能，艾柯卡的地位不断高升，直到坐上了福特公司总裁的位置。

就在艾柯卡志得意满、事业如日中天的时候，福特公司的老板福特二世出人意料地解除了艾柯卡的职务，原因是艾柯卡在福特公司的声望和地位已经超越了福特二世，他担心自己的公司有一天改姓为"艾柯卡"。

艾柯卡成了功高盖主的牺牲品。他一下从人生的辉煌跌入了

人生的低谷，他坐在自己的小办公室里思绪良久，终于毅然而果断地下了决心，离开福特公司。

在离开福特公司之后，艾柯卡最终选择了美国第三大汽车公司——克莱斯勒公司。很多人都不理解艾柯卡，因为此时的克莱斯勒已是千疮百孔、濒临倒闭的公司。

想必除了这家风雨飘摇的企业，艾柯卡有很多更好的选择，因为这段时间有很多世界著名企业的头目都拜访过艾柯卡，希望他能重新出山，但艾柯卡一一谢绝了。

其实，艾柯卡心中只有一个目标，那就是："从哪里跌倒的，就要从哪里爬起来！"他要向福特二世和所有人证明，艾柯卡的确是一代经营奇才！

接管克莱斯勒公司后，艾柯卡进行了大刀阔斧的改革，辞退了 32 个副总裁，关闭了 16 个工厂，从而节省了公司很大的一笔开支。整顿后的企业规模虽然小了，但却更精干了。另一方面，艾柯卡仍然用那双与生俱来的慧眼，充分洞察人们的消费心理，把有限的资金都花在了刀刃上。根据市场需要，他以最快的速度推出新型车，从而逐渐与福特、通用三分天下，并最终创造了一个震惊美国的神话。

这时候，福特后悔了，但是已经为之晚矣。1983 年，在美国的民意测验中，艾柯卡被推选为"左右美国工业部门的第一号人物。"

1984 年，由《华尔街日报》委托盖洛普进行的"最令人尊敬的经理"的调查中，艾柯卡居于首位。同年，克莱斯勒公司营利 24 亿美元。

一个折磨你的人，却往往是成就你的人。的确，你只有感谢曾经折磨过自己的人或事，才能体会出那实际上短暂而有风险的生命的意义；你只有懂得宽容自己不可能宽容的人，才能看见自己目标的远阔，才能重新认识自己……

有所忍才能有所成，内圣才能外王，守柔才能刚强。要知横逆之来，不可随便动气，先思取之之故，即得处之之法。

狂风暴雨往往摧残禾苗的生长，却也是它们结果的必然条件。当折磨你的人出现时，说明你的成功机遇已经来临。当然，这得需要你学会忍耐，接受那些肆意的折磨与侮辱，梅花香自苦寒来，只有耐得一时之苦，才会享受一世之甜。

使你痛苦的，也使你强大

想实现自己的梦想，就要有胆识有胆量，要勇敢地面对挑战，做一个生活的攀登者，只有这样才能攀上人生的顶峰，欣赏到无限的风景。有时候，白眼、冷遇、嘲讽会让弱者低头走开，但对强者而言，则是一种幸运和动力。

她从小就"与众不同"，因为小儿麻痹症，不要说像其他孩子那样欢快地跳跃奔跑，就连正常走路都做不到。寸步难行的她非常悲观和忧郁，当医生教她做一点运动，说这可能对她恢复健康有益时，她就像没有听到一般。随着年龄的增长，她的忧郁和自卑感越来越重，甚至，她拒绝所有人的靠近。但也有个例外，邻居家那个只有一只胳膊的老人却成为她的好伙伴。老人是在一场战争中失去一只胳膊的，老人非常乐观，她非常喜欢听老人讲故事。

这天，她被老人用轮椅推着去附近的一所幼儿园，操场上孩子们动听的歌声吸引了他们。当一首歌唱完，老人说道："我们为他们鼓掌吧！"她吃惊地看着老人，问道："你只有一只胳膊，怎么鼓掌啊？"老人对她笑了笑，解开衬衣扣子，露出胸膛，用手掌拍起了胸膛……

那是一个初春，风中还有几分寒意，但她却突然感觉自己的身体里涌动起一股暖流。老人对她笑了笑，说："只要努力，一个巴掌一样可以拍响。你一样能站起来的！"

那天晚上，她让父亲写了一张纸条，贴到了墙上，上面是这样的一行字："一个巴掌也能鼓掌。"从那之后，她开始配合医生做运动。无论多么艰难和痛苦，她都咬牙坚持着。有一点进步了，她又以更大的受苦姿态，来求更大的进步。甚至在父母不在时，她自己扔开支架，试着走路。她坚持着，她相信自己能够像其他孩子一样，她要行走，她要奔跑……

11岁时，她终于扔掉支架，她又向另一个更高的目标努力着，她开始锻炼打篮球和参加田径运动。

1960年罗马奥运会女子100米跑决赛，她以11.18秒第一个撞线后，掌声雷动，人们都站起来为她喝彩，齐声欢呼着这个美国黑人的名字：威尔玛·鲁道夫。

那一届奥运会上，威尔玛·鲁道夫成为当时世界上跑得最快的女性，她共摘取了3枚金牌，也是第一个黑人奥运女子百米冠军。

生活中，我们能够听到这样的话："立即干""做得最好""尽你全力""不退缩""我们能产生什么""总有办法""问题不在于假设，而在于它究竟怎样""没做并不意味着不能做""让我们干""现在就行动"。这些都是成功者热爱的语言。他们是真正的行动者，他们总是要求行动，追求行动的结果，他们的语言恰恰反映了他们追求的方向。

生活中，当我们遭到冷遇时，不必沮丧，不必愤恨，唯有尽全力赢得成功，才是最好的答复与反击。不因幸运而故步自封，不因厄运而一蹶不振。真正的强者，善于从顺境中找到不足，从逆境中找到光亮，时时校准自己前进的目标，人生的冷遇也可能成为幸运的起点。

没痛过的仙人掌，怎么懂得把刺收藏

人生如果是一场表演的话，那么只有让它更具张力，你的表演才更具内涵。因为有了张力，水珠会变得晶莹剔透、饱满圆润；有了张力，人生就会不鸣则已，一鸣惊人。

生命是一张上帝签发的支票，就看你怎样去用。如果你善于忍耐，敢于用暂时的屈服，来处理不利的境遇，那么，你的人生就会更具张力，那么你的这张支票也就实现了价值的最大化。

海滩上，有一大一小两只蚌相遇了。小蚌见大蚌神情非常的沮丧，一副痛苦不堪的样子，便关心地问道："伙计，你有什么不愉快的事吗？"

大蚌答道："唉，别提了，前几天，我一不小心，让一颗沙砾跑进了我的身体里，粗糙的沙砾不断摩擦着我的身体，那种难言的痛苦，简直让我生不如死啊。"

"天哪，你也太不小心了，瞧瞧，你现在正承受多么巨大的痛苦啊。我一定要加倍小心，绝对不让任何异物进入到我坚硬外壳的防线内。"

这时一只海龟听见了它们的对话。"朋友们，你们知道如果沙粒跑进了你们的身体里会产生什么吗？"海龟向两只海蚌打招呼。

"除了令人难以忍受的痛苦，还会有什么呢？"小蚌说道。

"是呀，除了撕心裂肺的疼痛，还能有什么新鲜玩意？"两个海蚌冷冷地白了一眼海龟。

"哦，朋友，我非常理解你的心情，此刻你感到非常痛苦，但你也许不知道，此时此刻，你的身体里会自动分泌出'珠母质'，它们会一层一层地将粗糙的沙砾包裹起来，而若干年后就将会形成大海中最动人、最璀璨的珍珠。"

经过痛苦的折磨，珍珠才会产生，珍珠之所以美丽不仅是因为它光彩夺目，更是因为它经过磨难，珍珠最有价值的地方也在于此。一颗精美的珍珠，必然经受过蚌的肉体无数次蠕动以及无数风浪的打磨，才能灼灼生辉。

英雄等待出头之日，必须要忍耐。在无尽的忍耐中，让心灵得到磨砺，让生命更有张力。生命是否有张力，完全取决于你自己。上帝用心良苦，让你通过另一种方式来获取幸福人生，你要有悟性，放下悲痛，坦然面对，幸福就在那顿悟的瞬间开始。

人的一生不可能一帆风顺，遇到挫折和困难是难免的。但如果你能做到坦然面对、心态放平稳，在忍耐中让自己变得更加坚强，让生命更具张力，那么你就有可能会在难言的忍耐之后，获得爆发的机会。

能忍方能成大事

"生当作人杰，死亦为鬼雄。至今思项羽，不肯过江东。"这是著名的女词人李清照赞颂西楚霸王项羽的一首诗，诗中虽然充满了豪情，但却难免给人英雄气短的感觉。试想一下，如果当年项羽能够忍受一时的屈辱，过得江东之后重整人马，那么历史便很有可能被改写。

而他的对手刘邦，则将一个"忍"字发挥到了极致。刘邦为了将来的前程似锦，忍住浮华诱惑，锋芒暂隐，静待转机。这也许正是他最终胜出项羽的原因。咸阳城内王室发生的剧变，已经明显影响到了秦军的士气，恰逢刘邦招降，众士兵正中下怀，项羽这边听说刘邦西征军已经接近武关的消息，也颇为着急。章邯投降后，项羽不再有任何阻碍，率军火速攻向关中盆地的东边大门——函谷关。

十月，刘邦军团进至灞上。咸阳城已完全没有了防卫的能力，秦王子婴主动投降，秦王朝正式灭亡。

刘邦大军历尽千辛万苦终于进入咸阳，此时刘邦对日后称霸天下有了莫大的野心和信心。

同时，面对扑面而来的荣华富贵，喜好享乐的他，竟然一时忘乎所以，自然忍不住心动，想起年少时的狂言"大丈夫当如是也"，一切都唾手可得。但在张良等人的劝说下，为了长远的未来，刘邦忍下了享乐的心。

一个"忍"字成全了刘邦，是刘邦成就霸业不可多得的秘密武器。而项羽，在民心方面，明显不如刘邦。项羽嗜杀成性，不管对方是否投降，一律斩杀。他曾在一夜之间，设计歼害了二十万秦国降军。项羽因为此事而在秦国人民心中臭名昭著。

项羽残杀秦国兵士，刘邦却与秦地父老约法三章，谁是谁非，天下人自然明白。刘邦赢得了百姓的信任，项羽虽然勇猛，但是做一国之君的话，尚嫌粗莽。但是刘邦并非一忍再忍，还军灞上之后，仍对咸阳城念念不忘，从而犯下了一个致命的错误。

随后，刘邦在"鸿门宴"中更是将"忍"刻在了心头。这一场心理战，决定了最后的结局。刘邦在得知项羽要进攻的时

候，镇定地用谎言骗住了项羽，使得项羽留给了刘邦一条生路。而项羽始终是轻敌的，尤其忽视了刘邦这个手下部将。他认为以刘邦的兵力，绝对不是他的对手。但是刘邦不跟他斗勇，刘邦喜欢斗智。

这就注定了项羽的悲剧命运。就勇猛来说，项羽力拔山兮气盖世；就智慧来说，项羽也不乏胆识与聪明；就实力来说，项羽是一代霸王，有过众望所归的气势。然而就是一个不能忍，破坏了全部的计划，影响了最终的结局。

可见，忍字的力量无穷无尽。小不忍则乱大谋，忍人一时之疑，一时之辱，一方面是脱离被动的局面，同时也是一种对意志、毅力的磨炼，为日后的发愤图强和励精图治奠定了一定的基础。而不能忍者，则要品尝自己急躁播下的苦果。

四周没路时，向上生长

如果你总是认为某件事是"不可能"的，

你的坚持，终究成就美好

那说明你一定没有去努力争取，因为这世上本来就没有"不可能"。

拿破仑·希尔年轻时买下一本字典，然后剪掉了"不可能"这个词，从此他有了一本没有"不可能"的字典，而他也成了成功学大师。其实，把"不可能"从字典里剪掉，只是一个形象的比喻，关键是要从你的心中把这个观念铲除掉。并且，在我们的观念中排除它，想法中排除它，态度中去掉它、抛弃它，不再为它提供理由，不再为它寻找借口，把这个字和这个观念永远地抛弃，而用光辉灿烂的"可能"来替代它。

比如汤姆·邓普西，他就是将"不可能"变为"可能"的典型。

汤姆·邓普西生下来的时候，只有半只左脚和一只畸形的右手。父母从来不让他因为自己的残疾而感到不安。结果是任何男孩能做的事他也能做，如果童子军团行军5千米，汤姆也同样能走完5千米。

后来他想玩橄榄球，他发现，他能把球踢得比任何在一起玩的男孩子更远。他要人为他专门设计一只鞋子，参加了踢球测验，并且得到了冲锋队的一份合约。但是教练却尽量婉转地告诉他，说他"不具有做职业橄榄球员的条件"，促请他去试试其他的事业。最后他申请加入新奥尔良圣徒队，并且请求给他一次机会。教练虽然心存怀疑，但是看到这个男孩这么自信，对他有了好感，因此就收了他。两个星期之后，教练对他的好感更深，因为他在一次友谊赛中将球踢出55码远得分。这种情形使他获得了专为圣徒队踢球的工作，而且在那一赛季中为他所在的队踢得了99分。

然后到了最伟大的时刻，球场上坐满了6.6万名球迷。圣徒队比分落后，球是在28码线上，比赛只剩下了几秒钟，球队把球推进到45码线上，但是完全可以说没有时间了。"汤姆，进场踢球！"教练大声说。当汤姆进场的时候，他知道他的队距离得分线有63码远，也就是说他要踢出63码远，在正式比赛中踢得最远的纪录是55码，是由巴尔第摩雄马队毕特·瑞奇踢出来的。但是，邓普西心里认为他能踢出那么远，而且是完全有可能的，他这么想着，加上教练又在场外为他加油，他充满了信心。

正好，球传接得很好，邓普西一脚全力踢在球身上，球笔直地前进。6.6万名球迷屏住气观看，接着终端得分线上的裁判举起了双手，表示得了3分，球在球门横杆之上几厘米的地方越过，圣徒队以19：17获胜。球迷狂呼乱叫——为踢得最远的一球而兴奋，这是只有半只脚和一只畸形的手的球员踢出来的！

"真是难以相信！"有人大声叫，但是邓普西只是微笑。他想起他的父母，他们一直告诉他的是他能做什么，而不是他不能做什么。他之所以创造出这么了不起的纪录，正如他自己说的："他们从来没有告诉我，我有什么不能做的。"

再强调一遍，永远也不要消极地认定什么事情是不可能的，首先你要认为你能，再去尝试、再尝试，要知道，世上没有什么是不可能的。

不经历风雨，怎能见彩虹？

老鹰是世界上寿命最长的鸟类。它可以活到70岁。要活那么长的寿命，它在40岁时必须做出艰难却重要的抉择。

老鹰活到40岁时，爪子开始老化，无法有效地抓住猎物。它的喙变得又长又弯，几乎碰到胸膛。它的翅膀变得十分沉重，因为它的羽毛长得又浓又厚，使得飞翔十分吃力。

它只有两种选择：等死，或经过一个十分痛苦的更新过程。

更新过程中，老鹰要经过150天漫长的历练，很努力地飞到山顶，在悬崖上筑巢，停留在那里，不得飞翔。

老鹰首先用它的喙击打岩石，直到完全脱落，然后静静地等候新的喙长出来。

它会用新长出的

喙把指甲一根一根地拔出来。新的指甲长出来后，它们便把羽毛一根一根地拔掉。5个月以后，新的羽毛长出来了。这个时候，老鹰才能开始飞翔，重新得到30年的岁月！

在我们的生命中，有时候我们也必须做出艰难的决定，然后才能获得重生。我们必须把旧的习惯、旧的传统抛弃，使我们可以重新飞翔。只要我们愿意放下旧的包袱，愿意学习新的技能，我们就能发挥我们的潜能，创造新的未来。

乔·路易斯，世界十大拳王之一，可以说是历史上非常成功的重量级拳击运动员，在长达12年的时间里，他曾经让25名拳手败在自己的拳下。

自从上学以后，乔伊·巴罗斯就成了同学嘲弄的对象。也难怪，放学后，别的18岁的男孩子进行篮球、棒球这些"男子汉"的运动，可乔伊却要去学小提琴！这都是因为巴罗斯太太望子成龙心切。20世纪初，黑人还很受歧视，母亲希望儿子能通过某种特长改变命运，所以从小就送乔伊去学琴。那时候，对于一个普通家庭来说，每周50美分的学费是个不小的开销，但老师说乔伊有天赋，乔伊的妈妈觉得为了孩子的将来，省吃俭用也值得。

但同学不明白这些，他们给乔伊取外号叫"娘娘腔"。一天乔伊实在忍无可忍，用小提琴狠狠砸向取笑他的家伙。一片混乱中，只听咔嚓一声，小提琴裂成两半儿——这可是妈妈节衣缩食给他买的。泪水在乔伊的眼眶里打转，周围的人一哄而散，边跑边叫："娘娘腔，拨琴弦的小姑娘……"只有一个同学既没跑，也没笑，他叫瑟斯顿·麦金尼。

别看瑟斯顿长得比同龄人高大魁梧，一脸凶相，其实他是个热心肠的人。虽然还在上学，瑟斯顿已经连续两次拿到底特律"金手套大赛"的冠军了。"你要想办法长出些肌肉来，这样他们才不敢欺负你。"他对沮丧的乔伊说。瑟斯顿不知道，他的这句话不但改变了乔伊的一生，甚至影响了美国一代人的观念。虽然日后瑟斯顿在拳坛没取得什么惊人的成就，但因为这句话，他的名字被载入拳击史册。

当时，瑟斯顿的想法很简单，就是带乔伊去体育馆练拳击。乔伊抱着支离破碎的小提琴跟瑟斯顿来到了体育馆。"我可以先把旧鞋和拳击手套借给你，"瑟斯顿说，"不过，你得先租个衣箱。"租衣箱一周要50美分，乔伊口袋里只有妈妈给他这周学琴的50美分，不过琴已经坏了，也不可能马上修好，更别说去上课了。乔伊狠狠心租下衣箱，把小提琴放了进去。

开头几天，瑟斯顿只教了乔伊几个简单的动作，让他反复练习。一个礼拜快结束时，瑟斯顿让乔伊到拳击台上来，试着跟他对打。没想到，才第三个回合，乔伊一个简单的直拳就把"金手套"瑟斯顿击倒了。爬起来后，瑟斯顿的第一句话就是："小子，把你的琴扔了！"

乔伊没有扔掉小提琴，但他发现自己更喜欢拳击，每周50美分的小提琴课学费成了拳击课的学费，巴罗斯太太懊恼了一阵后，也只好听之任之。不久乔伊开始参加比赛，渐渐崭露头角。

为了不让妈妈为他担心，乔伊悄悄把名字从"乔伊·巴罗斯"改成了"乔·路易斯"。

5年以后，23岁的乔已经成为重量级世界拳王。1938年，他击败了德国拳手施姆林，当时德国在纳粹统治之下，因此乔的胜利意义更加重大，他成了反法西斯者心中的英雄。但巴罗斯太太一直不知道人们说的那个黑人英雄就是自己"不成器"的儿子。

漫漫人生，人在旅途，难免会遇到荆棘和坎坷，但风雨过后，一定会有美丽的彩虹。任何时候都要抱乐观的心态，任何时候都不要丧失信心和希望。失败不是生活的全部，挫折只是人生的插曲。虽然机遇总是飘忽不定，但朋友，只要你坚持，只要你乐观，你就能永远拥有希望，走向幸福。

在低潮时品味人生，为下次的高潮暖身

所有的人都会有失败的时候，重要的是你在犯了错误的时候，是否会及时承认错误并且想办法去弥补它。

不要为失败所困，花点时间找出失败的原因，并从中汲取教训。如果你不能摆脱失败的阴影，那么你将裹足不前。

一件事情上的失败绝不意味着你的整个人生都是失败的，失败只是暂时的受挫，不要把它当成生死攸关的问题。永远保持积极的心态，你将离成功更近。

康熙年间，安徽青年王致和赴京应试落第后，决定留在京

你的坚持，终究成就美好

城，一边继续攻读，一边学做豆腐以谋生。可是，他毕竟是个年轻的读书人，没有做生意的经验。夏季的一天，他所做的豆腐剩下不少，只好用小缸把豆腐切块腌好。但日子一长，他竟忘了有这缸豆腐，等到秋凉时想起来了，但腌豆腐已经变成了"臭豆腐"。王致和十分恼火，正欲把这"臭气熏天"的豆腐扔掉时，转而一想，虽然臭了，但自己总还可以留着吃吧。于是，他忍着臭味吃了起来，然而，奇怪的是，臭豆腐闻起来虽有股臭味，吃起来却非常香。

于是，王致和便拿着自己的臭豆腐去给自己的朋友吃。好说歹说，别人才同意尝一口，没想到，所有人在捂着鼻子尝了以后，都赞不绝口，一致认为此豆腐美味可口。王致和借助这一错误，改行专门做臭豆腐，生意越做越大，影响也越来越广，最后，连慈禧太后也慕名前来尝一尝美味的臭豆腐，对其大为赞赏。

从此，王致和臭豆腐身价倍增，还被列入御膳菜谱。直到今天，许多外国友人到了北京，都还点名要品尝这所谓"中国一绝"的王致和臭豆腐。

腌豆腐变臭这次失败，改变了王致和的一生。

所以在人生路上，遇到失败时我们要学会转个弯，把它作为一个积极的转折点，选择新的目标或探求新的方法，把失败作为成功的新起点。

成功者与失败者最大的区别，就在于：前者珍惜失败的经验，善于从失败中吸取教训，寻找新的方法，反败为胜，获得更大的胜利；而后者一旦遭遇失败的打击就坠入痛苦的深渊中不能自拔，每天闷闷不乐，自怨自艾，直至自我毁灭。

学会从失败中获取经验，你就会获得最后的成功。

第九章

愿你扛得住世界的险恶，
也懂得世界的温柔

有梦不觉天涯远

无论现状有多么困难，都要给自己树一面旗帜，至少让自己有一个前进的方向。

人生到底是喜剧收场还是悲剧落幕，是轰轰烈烈的还是无声无息的，就全在于个人持有什么样的信念。信念就像指南针和地图，指出我们要去的目标。没有信念的人，就像少了马达、缺了舵的汽艇，不能动弹一步。所以在人生中，必须得有信念的引导，它会帮助你看到目标，鼓舞你去追求、创造你想要的人生。

很多时候，人生的理想和目标就如同一面在风中高高飘扬的旗帜，它指引着我们前进的方向。

罗杰·罗尔斯是美国纽约州历史上第一位黑人州长，他出生在纽约声名狼藉的大沙头贫民窟。这里环境肮脏，充满暴力，是偷渡者和流浪汉的聚集地。在这儿出生的孩子，耳濡目染，他们之中很多人从小就逃学、打架、偷窃，甚至吸毒，长大后很少有人从事体面的职业。然而，罗杰·罗尔斯是个例外，他不仅考入了大学，而且成了州长。在就职记者招待会上，一位记者对他提

你的坚持，终究成就美好

问："是什么把你推向州长宝座的？"面对 300 多名记者，罗尔斯对自己的奋斗史只字未提，只谈到了他上小学时的校长——皮尔·保罗。

1961 年，皮尔·保罗被聘为诺必塔小学的董事兼校长。当时正值美国嬉皮士文化流行的时代，他走进大沙头诺必塔小学的时候，发现这儿的穷孩子比"迷惘的一代"还要无所事事。他们不与老师合作，旷课、斗殴甚至砸烂教室的黑板。皮尔·保罗想了很多办法来引导他们，可是没有一个是有效的。后来他发现这些孩子都很迷信，于是在他上课的时候就多了一项内容——给学生看手相。他用这个办法来鼓励学生。

当罗尔斯从窗台上跳下，伸着小手走向讲台时，皮尔·保罗说："我一看你修长的小拇指就知道，你将来是纽约州的州长。"当时，罗尔斯大吃一惊，因为长这么大，只有他奶奶让他振奋过一次，说他可以成为 5 吨重的小船的船长。这一次，皮尔·保罗先生竟说他可以成为纽约州的州长，着实出乎他的预料。他记下了这句话，并且相信了它。

从那天起，"纽约州州长"就像一面旗帜指引着罗尔斯，他的衣服不再沾满泥土，说话时也不再夹杂污言秽语。他开始挺直腰杆走路，在以后的 40 多年间，他没有一天不按州长的身份要求自己。51 岁那年，他终于成了州长。

信念的力量就这样神奇，如果我们也能像罗尔斯那样，为自己树一面旗帜，成功就不会离自己太远。

她从北京101中学来到云南边疆一个叫"蚂蟥堡"的地方。

她们住的房子是队里盖的马棚，只有顶，没有墙。人们用竹篱笆将马棚围了起来，放了几张床，两两相依。初到时，看书写字，就搬个小板凳放在床前。

有一天，一位室友收到了家中的来信。她看完后告诉她们，美国人登上月球了。据说全世界都进行了实况转播，但她们没有收音机（在那个年代，收音机算是奢侈品），几个月后才知道这个消息。她们该做什么呢？能做什么呢？空担着一个"知识青年"的虚名，多数人只懂得一元一次方程式，种种希望和理想，似乎像射进篱笆墙的阳光碎成了星星点点，聚不起来了。

她在苦闷中度过了几个月后，不再困惑，她找到了她的信念，她把自己充实起来。她很少浪费时间，除了劳动就是钻研，时间安排得很紧。当然，不是为了上月球，也不是为了想进大学，而只是希望让科学在生活中起些作用。她不过是个苗圃工，却读完了农大的好几门课。她苦读医书，在自己身上练会了针灸，治好过好几个病人。她动手建小气象站，自己动手做百叶箱，立风向杆，养蚂蟥，半夜起来记录温度……为了学习专业知识，她同时也学习基础知识，从一元一次方程到微积分，从A、B、C学习到阅读英文书籍，从"老初一"一步步提升到了大学水平。

1973年，一批科技期刊恢复出版，她到邮局订了所有能订的期刊，用掉了一个月的收入。她的衣服却是补了又补，鞋子也缝了又缝。她这种对科学的执着和钻研的顽强意志，在过去和现在都是她有力的人生支持之一。专注于科学，专注于诚实的、有益的工作，使她有了更多的勇气战胜懈怠、软弱和虚荣心。后来她成了上海交大的研究生。

在人生旅途中，通往理想的道路上总会遇到大大小小的困难和挫折，埋怨、消沉、哀叹命运，这些都无济于事。

面对挫折，要有宽阔的胸襟，要有无畏的勇气。要记住，挫折是通向理想的阶梯。只要你有走出的愿望，没有永远走不出的人生低谷。如果你还在为不幸的遭遇自怨自艾的话，那你的人生将不会有任何前途。信念的力量是无穷的，很多人不能获得成功，往往是因为他们没有信念，或者，他们的信念并不扎实。俄国作家柯罗连科曾说过："信念是储备品，行路人在破晓时带着它登程，但愿他在日暮以前足够使用。"但信念并不是到处去寻找顾客的产品营销员，它永远也不会主动地去敲你的大门。因此，若想成功，你必须主动地为自己树一面信念的旗帜，让它在远方随风飘扬，引导你一步步走向成功。

用你的笑容改变世界，不要让世界改变你的笑容

如果一个人在46岁的时候，在一次意外事故中被烧得不成人形，4年后的一次坠机事故使得其腰中部以下全部瘫痪，他会怎么办？接下来，你能想象他变成百万富翁、受人爱戴的公共演说家、春风得意的新郎官及成功的企业家吗？你能想象他会去泛

舟、玩跳伞、在政坛争得一席之地吗？

这一切，米歇尔全做到了，甚至有过之而无不及。

在经历了两次可怕的意外事故后，米歇尔的脸因植皮而变成一块彩色板，手指没有了，双腿细小，无法行动，他只能瘫痪在轮椅上。第一次意外事故把他身上六成五以上的皮肤都烧坏了，为此他动了 16 次手术。

手术后，他无法拿起叉子，无法拨电话，也无法一个人上厕所，但曾是海军陆战队队员的米歇尔从不认为自己被打败了。他说："我完全可以掌控自己的人生之船，那是我的浮沉，我可以选择把目前的状况看成倒退或是一个新起点。"6 个月之后，他又能开飞机了！

米歇尔为自己在科罗拉多州买了一幢维多利亚式的房子，另外也买了其他房地产、一架飞机及一家酒吧，后来他和两个朋友合资开了一家公司，专门生产以木材为燃料的炉子，这家公司后来变成佛蒙特州第二大私人公司。第一次意外发生后 4 年，米歇尔所开的飞机在起飞时又摔回跑道，把他胸部的 12 块脊椎骨压得粉碎，他永远瘫痪了。

米歇尔仍不屈不挠，努力使自己达到最大限度的自主。后来，他被选为科罗拉多州孤峰顶镇的镇长，保护小镇的环境，使之不因矿产的开采而遭受破坏。米歇尔后来还竞选国会议员，他用一句"不只是另一张小白脸"作为口号，将自己难看的脸转化成一项有利的资产。后来，行动不便的米歇尔开始泛舟。他坠入爱河且完成终身大事，还拿到了公共行政硕士，并持续他的飞行活动、环保运动及公共演说。米歇尔坦然面对自己失意的态度使他赢得了人们的尊敬。

米歇尔说："我瘫痪之前可以做 10000 件事，现在我只能做 9000 件，我可以把注意力放在我无法再做的 1000 件事上，或是把目光放在我还能做的 9000 件事上。告诉大家，我的人生曾遭受过两次重大的挫折，而我不能把挫折当成放弃努力的借口。或许你们可以用一个新的角度，看待一些一直让你们裹足不前的经历。你们可以退一步，想开一点，然后，你们就有机会说：'或许那也没什么大不了的！'"

月有阴晴圆缺，人生也是如此。情场失意、朋友失和、亲人反目、工作不得志……类似的事情总会不经意纠缠你，令你的情绪跌至低谷。其实，生活中的低谷就像是行走在马路上遇到红灯一样，你不妨以一种平和的心态坦然面对，不妨利用这段时间休息、放松一下，为绿灯时更好地行走打下基础。

再苦也要笑一笑，得多得少别计较

再苦也要笑一笑，是一种乐观的心态。它是面对失败时的坦然，是身处险境中的从容。它可以使你学会欣赏日出时的活力四射，光彩照人；也可以令你驻足感受落日时的安闲柔和，娴静雅致。它可以让你喜欢春的烂漫、夏的炽烈，也可以让你体会到秋的丰盈、冬的清冽。人生中，不尽如人意者十之八九。你可能吃饭的时候不小心被噎住了，可能出门的时候踩了一脚烂泥，也可能生病住进了医院。每一天，在我们身边都有可能发生这样的事情，而且很多时候来得还很突然，让我们没有一点准备。面对这样突如其来的事情，即使你的心里再苦，也请笑一笑。

再苦也要笑一笑，得多得少别去计较。再苦也要笑一笑，即使石头砸到自己的脚，痛不痛反正只有脚知道。再苦也要笑一笑，上天自有公道。

柯林斯是一家饭店的经理，他的心情总是很好。每当有人客套地问他近况如何时，他总是毫不考虑地回答："我快乐无比。"每当看到别的同事心情不好，柯林斯就会主动打探内情，并且为对方出谋献策，引导他去看事物好的一面。他说："每天早上，我一醒来就对自己说，柯林斯，你今天有两种选择，你可以选择心情愉快，也可以选择心情不好，我选择心情愉快。每次有坏事发生，我可以选择成为一个受害者，也可以先去面对各种处境。归根结底，你自己选择如何面对人生。"

然而，即便是这样一个乐观积极的人，也会遇到不测。

有一天，柯林斯被三个持枪的歹徒拦住了。歹徒无情地朝他开了枪。幸好发现得早，柯林斯被送进急诊室。经过18个小时的抢救和几个星期的精心治疗，柯林斯出院了，只是仍有小部分弹片留在他体内。

半年之后，柯林斯的一位朋友见到他，关切地问他近况如

你的坚持，终究成就美好

何，他说："我快乐无比。想不想看看我的伤疤？"朋友好奇地看了伤疤，然后问他受伤时想了些什么。

柯林斯答道："当我躺在地上时，我对自己说我有两个选择：一是死，一是活，我选择活。医护人员都很善解人意，他们告诉我，我不会死的。但在他们把我推进急诊室后，我从他们的眼神中读到了'他是个死人'。那一刻，我感受到了死亡的恐惧。我还不想死，于是我知道我需要采取一些行动。"

"你采取了什么行动？"朋友问。

柯林斯说："有个护士大声问我有没有对什么东西过敏。我马上答：'有的。'这时所有的医生、护士都停下来等我说下去。我深深吸了一口气，然后大声吼道：'子弹！'在一片大笑声中，我又说道：'请把我当活人来医，而不是死人。'"柯林斯就这样活下来了。

苦难并不可怕，只要心中的信念没有萎缩，人生旅途就不会中断。柯林斯非常珍惜自己的生命，面对死亡，面对被子弹击中的痛苦，尚能够如此乐观和坦然，这是它能够获得重生最重要的条件。所以你要微笑着面对生活，不要抱怨生活给了你太多的磨难，不要抱怨生活中有太多的曲折，更不要抱怨生活中存在的不公。当你走过世间的繁华，阅尽世事，你就会明白：人生不会太圆满，再苦也要笑一笑。

吃了苦头，才能更懂甜的滋味

人生在世，难免会遭遇耻辱。面对耻辱，如果灰心丧气，不敢锐意进取，那么就难免为境遇所左右。只有超乎境遇之外，将耻辱当作一种寻常际遇，心灵才能自由。

巴尔扎克曾经说过："世界上的事情永远不是绝对的，结果完全因人而异。苦难对于天才是垫脚石，对于强者是一笔财富，对于弱者是万丈深渊。"成功并不是随随便便就能取得的，那些成功的人所经历的苦难是一般的人所不能感受到的。很多时候，我们只看到别人成功时候的光彩与绚丽。成功背后的辛酸，只有亲身经历了才能体会到。如同月有阴晴圆缺一样，人的一生不可能永远都在鲜花与掌声中度过，耻辱和挫折与人生相依相伴。当受到耻辱时，有人自怨自艾，意志消沉，一蹶不振；有人却不屈不挠，努力拼搏，摆脱耻辱，从中感悟人生的真谛，体味世间的人情冷暖。痛苦是幸福的前奏，欢乐在痛苦中孕育，晶莹璀璨的珍珠来自于河蚌与沙子的苦苦相搏。

正当司马迁在专心致志写作《史记》的时候，一场横祸突然降临到他的头上。原来，司马迁因为替一位将军辩护，惹怒了汉武帝，锒铛入狱，还遭受了酷刑。

受尽耻辱的司马迁悲愤交加，几次想血溅墙头，了此残生，但又想起了父亲临终前的嘱托，更何况，《史记》还没有完成，便打消了这个念头。他想："人总是要死的，有的重于泰山，有的轻于鸿毛，我如果就这样死了，不是比鸿毛还轻吗？我一定要活下去！我一定要写完这部书！"想到这里，他把个人的耻辱和痛苦全都埋在心底，发愤著书。

为了心中的《史记》，他不论严寒酷暑，总是起早贪黑。夏季，每当曙光透过窗户照进囚室，司马迁就早早地就着朝阳的光芒，写下一行行文字。无论蚊虫如何肆无忌惮地叮咬他，用刺耳的嗡嗡声刺着他的耳膜，他总能毫不分心，在如此恶劣的环境下坚持写书。冬季，无论凛冽的寒风如何像刀子般刮在他的脸上，无论呼呼的北风如何灌进他的袖口，他总能丝毫不受外界干扰，坚持著书。

就这样，司马迁发愤写作，用了整整13年的时间，终于完成了一部52万字的辉煌巨著——《史记》。这部前无古人的著作，几乎耗尽了他毕生的心血，是他用生命写成的。司马迁没有因为受到宫刑这样深痛的耻辱而消沉，而是不断激励自己，最终写成了伟大的著作《史记》。

俗话说"知耻而后勇"，真正促使我们获得成功的，真正激励我们昂首阔步的，不是顺境，而是那些常常可以置我们于死地的耻辱、挫折，甚至是死神。在一次次受到耻辱之后，人的斗志就会被激发，从而奋发图强，最终获得成功。贫穷的出身不算什么，只要我们永不放弃、勤奋苦练，就一定能够成功。

既然耻辱在所难免，那么当我们面对耻辱时，不妨一笑置之，将它看作人生的寻常际遇，就如同每天要吃饭、睡觉一般平常。耻辱算不了什么，人生会遇到无数的挫折，只有以一颗平常心看待耻辱，不因耻辱而消沉，才能拥有自在的人生。

世道虽窄，但世界宽阔

人生在世，不如意事十之八九。多数人不能抵抗不如意的侵袭，常常怨天尤人，苦恼不已。天不遂人愿，但是只要我们能够保持平和的心境，别让不如意的情绪破坏它，那么我们就能获得心境的自由。在不如意的生活面前，生气也好，愤怒也罢，都是没有用的。不如意还是不如意，你如果无法保持平和的心境，它也不会因你的生气或愤怒而有丝毫的改变。

有一个妇人，总是被不如意的情绪左右，常常为一些琐碎的小事生气。为了摆脱这种苦恼，她便去求一位高僧为自己谈禅说道，开阔心胸。

高僧知道她的来意后，把她请进一座禅房中，落锁而去。妇人气得跳脚大骂。骂了许久，高僧也不理会。妇人又开始哀求，高僧仍置若罔闻。妇人终于沉默了。

高僧来到门外，问她："你还生气吗？"

"我只为我自己生气，我怎么会到这地方来受这份罪？"妇人有些幽怨地说。

"连自己都不原谅的人怎么能心如止水？"高僧拂袖而去。

过了一会儿，高僧又问她："还生气吗？"

"不生气了。"妇人余怒未消，但无可奈何。

"为什么？"

"气也没有办法呀。"

"你的气并未消逝，还压在心里，爆发后将会更加剧烈。"高僧又离开了。

高僧第三次来到门前，妇人告诉他："我不生气了，因为不值得气。"

"还知道值不值得，可见心中还有衡量，还是有气根。"高僧笑道。

当高僧的身影迎着夕阳立在门外时，妇人问高僧："大师，什么是气？"高僧将手中的茶水倾洒于地。妇人视之良久，顿悟，遂叩谢而去。

故事中的妇人被锁在禅房的事实并没有改变，或者说不如意的事实依然存在，但她却渐渐变得不再生气了。为什么？因为她明白了已发生的事不能改变，心境渐趋平和安静。

一个不能保持平和心境的人，在不如意发生时，总是会让情绪左右自己，或气或怒，很可能做出令自己后悔的事情。生气就像泼出去的水，无法回收，如果你因此而酿成大错，则悔之晚矣。生活中有太多不如意的事，你可以理解它为倒霉，也可以定义它为幸运。

你怎样定义它，它就给你带来怎样的结果。因此，与其让不如意来破坏你的情绪，不如保持平和的心境，换一个角度看问题。